云南大学“双一流”建设经费资助

云南大学新闻传播教材系列

丛书主编　廖圣清

新闻传播学研究方法

Research Methods of Journalism and Communication

黎 藜◎编 著

復旦大學出版社

云南大学新闻传播教材系列

总序

无论就学科建设还是人才培养而言，教材的重要性不言而喻。教材是旗帜，教材是方向。对于舶来品的中国新闻传播学科来说，教材的重要性尤为突出。它既关乎中国特色新闻传播学学术体系、话语体系的建构，更关乎为党和国家、人民培养卓越的新闻传播人才。

当然，教材的撰写极为不易。它是教研相长的结晶，对作者的教学水平、科研能力，都提出了极高的要求。教材需要语言简洁、体系完备的阐述理论、研究方法和案例，需要以读者为本位，互动、有效地引导读者进阶阅读、深入思考。对于读者来说，一本优秀的教材，可谓亦师亦友。

伴随改革开放的历史进程，中国新闻传播学科得到了长足发展，从 1997 年二级学科新闻学上升到一级学科新闻学与传播学已 20 多年，学科分支多样、研究百花齐放，教材从译著到自著、异彩纷呈。然而，无论是理论研究还是方法训练，中国新闻传播学科都尚存很大的提升空间，并亟需加强教材的建设和发展。尤其是，在移动互联网、媒介融合的大数据时代，新文科建设的背景下，中国新闻传播学教材建设面临更新换代、再上层楼的挑战与机遇。

呈现给读者诸君的这套丛书，是云南大学新闻学院的首套新闻传播学教材。这套教材的出版，充分体现了云南大学新闻学院教师团队迎难而上，与学界同仁共同推进中国新闻传播学教材建设的努力与担当。

云南大学新闻学院，是云南历史最悠久的新闻传播教育机构，是中国西南地区新闻传播学教学、科研的重镇，1980 年代开始设立本科专业，目前拥有新闻学、广播电视新闻学、网络与新媒体本科专业，新闻传播学一级硕士学位点，文化传播二级博士学位点。新时代，云南大学新闻学院，凝聚“民族传播”“环境传播与健康传播”“南亚东南亚国际传播”三个学科发展方向，不断提升教学、科研水平，持续为中国特别是西部地区培养卓越新闻传播人才，努力以这三个学科发展方向构建传播与国家发展理论体系研究，服务国家战略、云南等边疆区域经济社会发展。

这套教材，是以年轻人为主体的云南大学新闻学院教师教学、科研的成果。

云南大学新闻学院，有一支以年轻人为主体的优秀教师队伍。他们大多在国内外名校取得博士学位，具有海外访学经历，理论基础扎实，科学研究能力强。尤为让人敬佩的是，他们安心教学、科研工作，长年在西部边疆为中国新闻传播教育事业默默耕耘。这套教材，是对他们的敬业、能力和付出的优良展示。虽然，教材的编撰，对年轻人来说，是巨大的挑战；但是，“未来属于青年，希望寄予青年”！

这套教材，是云南大学新闻学院坚持教学改革、创新的成果。

在中国人民大学、中国传媒大学、复旦大学等著名大学新闻院系的关心和帮助下，顺应移动互联网、大数据时代对卓越新闻传播人才的国家要求、人民期待，云南大学新闻学院坚持教学改革、创新，组织全院教师学习、研讨，对标著名院系的人才培养方案，修订、出台新的本科生培养方案。新方案，强调博雅教育，更加重视基础理论与研究方法课程的设置，以培养学生广博的学术视野，夯实学生扎实的新闻传播学理论基础，有效训练学生的科学研究能力。同时，新方案着重扩充了两类课程群，一是以数据科学为代表的新文科课程，二是以南亚东南亚国际传播为代表的区域特色课程，以满足新文科建设背景下文科与理工科交叉的复合型人才培养的需求，以及服务国家战略、区域经济社会发展的卓越新闻传播人才培养的需求。

这套教材，是云南大学和以复旦大学出版社为代表的社会各界，对云南大学新闻学院关心、支持的成果。

云南大学，作为著名的综合性大学，学术底蕴深厚，一直重视新闻传播学科发展，入选“双一流建设”计划之后，对新闻学院、新闻传播学科的建设尤为重视、大力扶持。本套教材的培育、出版，得到了学校双一流建设项目的经费资助。复旦大学出版社，作为国内著名的高校出版社，最早、系列出版的新闻传播学教材，在中国新闻传播学界享有崇高的声誉。复旦大学出版社社科编辑部，从选题策划到编辑出版，对本套教材给予了高度的关心和帮助，对西部新闻传播教育充满深情厚爱、无私支持！

一套教材，从无到有，是历史的突破，是各方支持的成果。一套教材，从有到优，更需各界一如既往的关心，集思广益帮助完善教材的修订和选题的甄选。我们衷心期待获得读者诸君对本套教材的批评指正！让我们共同为新时代中国新闻传播学科的教材建设，贡献绵薄之力。

是为总序！

廖圣清
云南大学新闻学院(南亚东南亚国际传播学院)院长、教授、博导
复旦大学新闻学院教授、博导
2021 年 8 月 29 日

前言

科学知识的发现，一定离不开科学研究方法的支持。学习认识新闻传播学研究方法，不仅有助于传播学专业的学生和研究人员深入理解和验证传播学理论的基本内容，而且也将有助于其解答复杂多变的传播现象和传播问题。

本书共分为九个章节。第一章从新闻传播学的研究基础开始，讲述什么是科学研究，以及什么是理论与概念化。

第二章介绍的是新闻传播学研究的步骤。在本章中，读者可以对研究的整个过程有系统的理解，包括如何确定研究选题、如何进行研究方案的设计、如何开展数据的收集和分析，以及如何解释和报告研究结果。

第三章介绍的是测量的方法。这是在提出研究问题后，将理论概念衍化为具体变量的过程。在本章中，读者可以学习到测量的概念和分类、操作化、量表和指数，以及测量的信度和效度等内容。

第四章介绍的是抽样的基本原理和方法。在本章中，读者将会学习到抽样的基础和类型、样本规模的确定，以及抽样误差等内容。

第五章到第七章介绍的是量化研究数据收集的具体方法。第五章介绍的是问卷调查法的运用，具体包括问卷调查法的类型、问卷调查的过程，以及调查问卷的设计等方面的内容。

第六章介绍的是实验法的原理和研究过程。在第六章中，读者可以学习到实验法的逻辑基础、实验设计的类型、实验的实施过程，以及实验法的信度和效度的评估问题。

第七章介绍的是内容分析法的实施过程。在第七章中，读者将会对内容分析法的概念和特征，以及内容分析法的操作步骤有全面的认识和理解。

第八章介绍的是质化研究方法。关于质化研究方法的内容，本书目前版本不作详细介绍，仅通过第八章一个章节对质化研究方法的基础、质化研究的资料收集，以及质化资料整理和分析进行基础性的介绍。

第九章是本书的最后一个章节，主要介绍的是研究报告的写作。在本章中，读者将会学习到如何撰写一份规范的研究报告。

本书顺利出版，得到了云南大学新闻学院、云南大学研究生院、复旦大学出版社各位领导和老师的大力支持和帮助，特此表示衷心感谢。

限于作者的水平，书中可能存在不少疏漏和不足，恳请广大读者多提宝贵意见。

黎　藜

2021年6月15日星期二

目录

第一章　研究的基础

传播学研究从本质来说属于科学的研究范畴。因此，在详细介绍传播学研究过程和具体研究方法之前，我们需要先来讨论一下什么是科学，以及什么是科学研究。

第一节　科学研究

一、何为科学？

现代社会，科学研究是人类回答问题和获得知识的重要途径。而在我们谈论科学研究之前，首先需要了解什么是科学。如今，人们的生产生活越来越离不开“科学”一词，但人们对科学的含义却常存有误解。人们对科学主要有三个方面的误解。首先，将“科学”误认为“科技”，认为“科学”和“科技”是等同的。当我们问，什么是科学？得到的答案往往是什么是科技。而当我们问什么是科技的时候，得到的答案往往是什么是技术，因而科学的概念被忽略了。其次，将科学认为是某种科目。实际上很多学科（如哲学、文学等）并无科学的基本特征。最后，仅将科学看作一种系统的知识，忽略了科学研究这一过程。这些误解之所以存在是因为犯了以偏概全的错误，将科学的部分特征看作科学的全部特征，如文学和伦理学等都是系统的和正确的知识，但并不属于科学的范畴。对科学的种种误解和人们传统文化中缺少科学因素以及片面的科学观点有着不可分割的关系。

不同的国家，不同的学者，对“科学”有着不同的理解和阐释。我们采用《韦伯斯特新世界大辞典》中对“科学”（science）下的定义：科学是从确定研究对象的性质和规律这一目的出发，利用观察（observation）、调查（study）以及实验(experimentation)等方法而得到的比较系统的(systematized)知识。[①] 从这一定义,我们可以看出科学一定是通过规范和系统的实证研究方法所得的系统的知识;科学的方法包括观察、调查和实验等;科学的目的是确定研究对象的性质,以及研究对象之间的规律。

需要说明的是,科学的含义是严谨和一丝不苟的,只有按照科学的标准和要求来研究的学问,才能够被称为科学,因此不能滥用科学的定义。社会中的某一学科想要成为科学,就必须遵循科学的方法,符合科学的基本特征。

二、传播学是"科学"吗?

接下来的问题是,传播学是"科学"吗?当前,很多人都质疑传播学是否可以被称为"科学"。对于这一问题的回答,取决于实践者所采用的方法。如果一个传播主体对传播过程的了解是基于非学术的方式,如迷信、传言、预设等,那么实践者就不能被看作在从事科学活动。如果实践者依靠文学、艺术等的方法从事实践活动,也不能被称为"科学"。相比较而言,当实践者利用实证的科学方法来从事传播活动,那么传播学就可以被看作"科学"。也就是说,当我们认为传播者在传播过程中运用了科学的方法,那么,我们就可以说传播学是一门科学。需要注意的是,我们这里所说的仅仅是针对人类传播实践的研究,而不是艺术家从业者的传播实践活动。

三、何为科学研究?

正如上文所述,科学研究是人类获得知识的重要途径。那么何为科学研究?在《行为科学研究》(*Behavioral Research: A Conceptual Approach*)一书中,作者科林杰(F. N. Kerlinger)[②]对科学研究下过如下定义:科学研究是对观察到的现象可能存在的某种联系提出假设(hypothesis),并进行系统的(systematic)、受控的(controlled)、实证性的(empirical)和批判性的(ciritical)调查研究(investigation)。也就是说,一项研究之所以能被称为科学研究,需要具备如下几个特点。

---

① 林聚任、刘玉安:《社会科学研究方法》,山东人民出版社 2008 年版,第 4 页。

② See Kerlinger, F. N. *Behavioral Research: A Conceptual Approach*. New York: Holt. Rinehand and Hinston. 1979.

（一）系统性

科学研究的过程一定是系统完整的，即研究者需要按照某一特定的程序和方法进行研究，不可随意操纵研究的过程和篡改研究的数据。因此，为了体现是科学的研究，研究者需要用别人看得懂的语言，将研究的整个过程以及通过该研究过程收集到的数据予以公开，供其他研究人员进行重复验证。此外，系统性还体现在科学研究对研究对象的系统考量上，科学研究需要考虑一切可能与研究对象相关的因素，推导前因后果，分析相关因素之间的联系，从而来解释存在着的现象。

（二）受控性

受控性指的是科学研究一定是建立在某一研究问题或者研究假设之上开展受控的研究。也就是说，科学研究并非漫无目的地进行，而是在开展数据收集之前，需要明确研究的问题以及变量间的假设。此外，受控性还体现在研究的过程之中，即研究者将根据研究的需要，在研究过程中借助各种方式方法减少或消除各种可能影响研究结果的干扰因素，从而在简化、纯化的状态下认识研究对象，获得准确的结果。

（三）实证性

任何科学研究成果，不论多么伟大和动人心弦，最后都必须通过实证的方法来证明。因此，如果一项研究是科学的研究，它必然是以事实作为基础，经过科学的逻辑过程和研究方法去验证理论的正确性。如果一项研究不能通过实证的研究方法予以证实，那么该研究就不能称为科学研究。

（四）批判性

科学研究一定是批判性的研究。这里的批判性首先体现在研究过程必须是理性的、强调客观证据的，即研究者不可将个人的情感和认知投射到研究的过程中。科学研究的批判性还体现在研究结果必须是真实的，即科学研究必须建立在尊重事实的基础上，不可让研究者的期望和个人好恶影响研究的结果。

总的来说，科学研究和人类其他求知方式的最主要的区别在于，科学研究在求知过程中使用的是科学的研究程序。只有采用科学的研究程序,才能够帮助人们消除个人经验中存在的主观偏差,从而得到大多数人能够普遍接受的、正确的认知。

四、科学研究的领域

根据研究的目的不同,科学研究可以分为两大类,即学术研究和商业研究。

学术研究,有时也被称为基础研究,其主要目的是通过对新知识、新理论、新原理的探索,从而扩展某一学科的理论领域。高等院校的科研人员从事的研究大多属于学术研究。在传播学研究领域,这类研究以产生理论、解释复杂传播现象、探索传播规律等为目的,是有理论或者学术导向的。从时间范围上来看,学术研究一般比商业研究花费的时间长,对现象的调查也更为深入。在研究花费上,学术研究通常花费较少,性价比较高。学术研究者在开展调查研究的时候,并不需要过多地考虑仪器设备的购置、办公室的租赁、人事等一般公司管理费用。从研究时限上来说,学术研究一般没有特别明确的时间期限。正是得益于研究时间的自由性,很多学者可根据自身的教学计划和课题安排来开展相应的研究活动。当然,当学术研究受某种研究基金资助的时候,有时也会有具体的时限要求,例如国家社科基金资助的一般研究项目通常要求的研究时限为2—3年。此外,在大多数情况下,学术研究的资料和数据是公开的。因此,其他研究者或者研究机构只要通过正规的渠道就能轻松获得研究相关的数据资料。

商业研究,有时也被称为应用研究,其主要目的是将研究发现的新知识、新理论应用于特定商业目标所进行的研究。通常来说,非官方公司及其研究人员所做的研究都属于商业研究。在传播研究领域,商业研究主要侧重于解决一些和传播相关的实际问题,如企业媒体的经营与管理、目标受众的调查等。由于商业研究的研究经费大多受到政府机构、商业团体和其他基金的支持,其研究结果很少无偿对外公布,且研究时长一般都会有明确的限制。多数的商业研究会把工作人员收集到的数据作为公司或机构的私有财产,社会中的其他机构和研究者不经允许不可擅自使用。

需要说明的是,在具体的操作过程中,学术研究和商业研究是难以完全区别开来的,有时也可以用来研究同一种传播现象。例如,针对报纸读者流失现象的研究，商业研究通常会关注“读者读报时间越来越少的原因”“近年来哪些新兴的媒体代替了报纸为受众提供信息”等；相比较而言，学术研究往往更倾向于关注“读者读报时间减少，是否会对个人的社会化过程产生影响”“受众的社会分层与媒介接触习惯”等。不论是社会生活还是在新闻传播领域，两种研究都是我们需要的，本书侧重于理论研究，对应用研究只是略有涉及。

第二节　理论及概念化

发展科学是进行科学研究的最终目的，而发展理论是进行研究的直接任务。那么到底什么是理论呢？它在传播学研究中，起到了什么样的作用？如何对理论进行概念化？本节将会回答这些问题。

一、理论的相关知识

（一）理论的概念

理论的概念不是一成不变的，在不同的场合、不同的时间、不同的社会环境、不同的学科中，理论有着不同的内涵。比如，我国很多报社都有理论部，其职能主要是负责报社的评论版面，这里的“理论”类似于“评论”或“言论”，称其为理论部是为了强调该部门承担着传递理论知识、彰显报社立场的工作。美国《哈珀柯林斯社会学词典》关于“理论”的定义是由逻辑的或数学的陈述所连接的一组假设或命题，它对经验现实的某一领域或某一现象提出解释；在不太严格的意义上，有关于社会现实的某一领域或某一类现象的抽象的、一般性的陈述都可以被称为理论，它通常包括对一般性概念的详细的阐述。① 社会学家默顿（Robert Merton）将理论看作一组命题，认为“理论”是逻辑上相关联并能够推导出实验一致性的一组命题。② 社会学家林南对理论定义的看法和默顿有异曲同工之处，认为“理论是一组相互联系的命题，其中一些命题是可以

---

① Jary D. *The Harper Colins Sociology Dictionary*. New York: Harper Perennial, 1991, p. 519.

② ［美］罗伯特·金·默顿：《论理论社会学》，何凡兴、李卫红、王丽娟译，华夏出版社 1990 年版，第 54 页。

通过经验检验的”。[①] 美国社会学家艾尔巴比认为:“理论是对与生活某一方面有关的事实与规律的系统性的解释。”[②]

以上研究者对于“理论”的概念虽有不同的解释,但存在着某些共同特征:(1) 理论来源于研究者的经验性实践;(2) 理论是人们的一种抽象的和系统的认识;(3) 研究者建构理论的最终目的是对经验现实做出解释。根据以上有关于理论的共同点,我们可以给理论下一个定义:理论是用来解释现象,而对变量之间的特定关系所做的相互关联的、系统化的一种陈述。也就是说,理论应当有着极其严密的逻辑结构,不存在矛盾之处,同时理论还应当准确无误地描述所观察到的变量之间的关系,且可以通过经验性数据资料来检验这些关系。

(二) 理论的构成要素和基本特征

1. 理论的构成要素

任何一个理论都需要具备一些基本构成要素,包括概念、变量、命题和假设。

(1) 概念

构造理论的第一个重要的基本要素就是概念。概念是对特定事物的属性进行概括而形成的一种抽象表达,它为研究者提供了观察或描述那些无法直接观察到的事物的方式。研究过程中我们常常用文字或词组来表示概念,例如,“人际传播”就是一个概念,它是对人与人之间通过面对面的方式或媒介进行信息交流活动的抽象性概括。

在人类社会的认知范畴中,我们所面对的概念可以分为两类:一类是仅代表某类现象的概念,这些概念并未在类别、程度等属性上有差别,譬如白天、黑夜、春花和秋露;另一类概念通常会包含多个属性,所指代的现象在类别、程度、数量等方面呈现出不同的差别,譬如性别、职业、阶层、群体。一般来说,不同的概念抽象程度也会有所不同,概念越抽象,其涵盖面越大,研究者就越难以进行直接的观察或描述;概念越具体,涵盖面越小,研究者所描述的研究对

---

① [美] 林楠:《社会研究方法》,农村读物出版社 1987 年版,第 18 页。
② [美] 艾尔·巴比:《社会研究方法》(第 13 版),邱泽奇译,清华大学出版社 2020 年版,第 7 页。

象也就越清晰和明确。

（2）变量

通常概念都是比较抽象的，因而在具体研究过程中需要引入“变量”来将抽象的概念变为可以用经验性的资料来检验的对象。变量就是研究者在研究中那些被赋予不同取值（数值和范畴）的象征符号。例如，“婚姻状况”可以被看作包括“已婚”和“未婚”两个取值的变量；“成绩”是一个包括“及格”“不及格”“优秀”“良好”四个取值的变量。相比较而言，那些只有一个不变的取值的概念叫做“常量”，如圆周率。需要注意的是，变量是科学研究所使用的语言，科学研究只能对变量进行测量。

在研究中，通常可根据变量取值范围的不同，将变量分为类别变量、顺序变量、间距变量、比率变量。其对应的层次分别为：定类层次、定序层次、定距层次、定比层次。① 在社会学和传播学研究中研究者也可根据研究对象之间的关系，将变量分为“自变量”（研究过程中能引起其他变量变化的变量）、“因变量”（由于自变量的变化而产生变化的变量）。在一些比较复杂的研究过程中还会出现“中介变量”（处于自变量和因变量之间，通常代表着自变量影响因变量的一种途径或方式）。

从理论到概念再到变量，这是一个抽象程度递减的过程。研究者需要先对变量进行测量，之后根据测量的具体结果来检验和推导理论。因此，在具体传播的研究过程中，研究者确定所考察的变量和其取值范围是至关重要的。对于变量的分类以及测量手段，本书的第四章将会进行详细介绍。

（3）命题

研究过程中有了概念和变量，并不等于就形成了理论，研究者还需要对概念和变量之间的关系进行陈述。研究者对概念的特征或关系所做出的陈述被称作“命题”。在实际的研究过程中命题会有不同的类型，公理、定律、假设、经验概括等都属于命题范畴。理论通常由一组命题组成，例如，“微博跟传统大众媒体的传播形态不同”这一命题就陈述了“微博”“传统大众媒体”“传播形态”这些概念之间的关系，而“现代化程度高”这个命题则是对“现代化”这一概念特征进行的陈述。

---

① ［法］雷蒙・布东：《社会学方法》，黄建华译，上海人民出版社 1987 年版，第 8 页。

(4) 假设

在社会科学研究中最常用的命题则是假设。假设可以被看作变量之间关系的尝试性陈述,也可被看作可以用经验事实来验证的命题。进行社会科学研究通常需要先提出一些假设命题,然后通过调研进行验证。例如,研究者想要研究夫妻婚姻幸福与双方受教育程度之间关系的时候,要首先进行理论的假设,如"幸福感与夫妻双方的受教育程度呈正相关",然后研究者需要进一步收集资料来验证假设的真假。假设是对变量之间关系的猜测,可以是比较式的,也可以是关系式的。例如,"收入越高,则越喜欢读报纸"这一假设就陈述了"收入"和"对媒体的态度"这两个变量之间的关系。又如,"人们的智商与他们在幸福量表上的得分相关"这一假设就陈述了"智商"和"幸福量表上的得分"之间的关系。

2. 理论的基本特征

对同一事物或同一现象,不同的人有不同的看法和解释。在社会科学研究中,针对社会中的同一现象,不同的研究者也可能会有不同的解释。不同研究者对同一具体事物的解释有的更具体,有的更抽象,那我们怎么来判断一则理论的好坏呢? 通常来说,一则好的理论应该具有以下五个方面的特征。

第一,理论要具有解释力。理论可以被看作对现象进行解释的一种陈述,它能够解释观察到的事件、行为和收集到的资料,因而具有解释力是理论所必备的素质。解释力包含两个层面:一是理论需要通过对具体经验事实的验证而得到支持,理论同时又必须超越平时可以观察到的普遍现象进而得出一种可以概括普遍现象的结论。可以说,理论的概括性越强其可以解释的范围就越广。例如,传播学者卡兹(Elihu Katz)和拉扎斯菲尔德通过对 700 多名妇女的调查完成了《人际影响》(1955)一书,在本书中第一次正式提出对传播学发展影响深远的两个理论:"意见领袖"与"两级传播"。这两个理论不仅适用于研究中所出现的 700 多名妇女,也同样适用于其他大众传播的过程中。因而,在具体的研究过程中,研究者经常可以把在一个情景中得出的结论放在另一个情景中进行验证,从而检测理论是否成立。二是理论应当对事物本来的面貌进行"真正的"解释,即理论的解释必须是真实有效的,并且可以通过经验性的观察而对理论进行验证。例如,我们观察到部分玩网络游戏的中小学生学习成绩较差，如果这时研究者得出一个结论，即网络游戏对中小学生的学习成绩有负面影响，那么研究者就可能会得出一个错误的解释。因为通常来说，只有沉迷于网络游戏才会对中小学生的学习成绩有负面影响。

第二，理论可以被证伪。也就是说任何科学理论都有一定局限性。例如，研究者想要证明媒体具有培养效果，即媒体中的暴力内容会对受众产生负面影响，研究者就必须排除其他因素（性别、教育背景、受众的性格特征、传播渠道、人际接触、传统习俗等）的影响。根据经验事实的结果经常发现，培养效果也许的确存在，但当研究者排除了其他因素之后，很难发现媒体的培养效果，或者说这个效果比较微弱。[①] 因此，无条件地认为媒体拥有强大效果或许和事实并不符合，这便需要研究者根据具体的传播情境来设计更细化的研究方案对媒介的效果进行测量。这样看来，很多时候理论并不都是正确的，理论有本身适用的范围，超越这一范围理论可能就和实际不符合了。

第三，理论要具有预测力。社会是在发展中的社会，人们需要理论来降低生活中的不确定性。理论一方面可以对过去的经验事实进行总结，另一方面也可以对将要发生的事情进行预测。通常传播学的理论会将研究者的注意力转移到一些关键的变量上去，告诉研究者应怎样测量和解释变量产生的结果。例如，说服理论认为某一领域专家的说服效果大于普通人，因此我们经常会看到一些保健广告、美容广告里出现专家形象，希望通过专家形象来提高产品的说服力。

第四，理论的表达要简洁。与社会中的其他对现象的解释相比，理论对某一现象的解释应当更为简洁。以我们所熟知的“议程设置”理论的发展为例。李普曼早在《舆论学》一书中就已包含了该理论的思想，他用“我们头脑里的图像”(pictures in our minds)来向受众传达媒体对受众的影响。此外，学者柯恩(Bernard Cohen)提出的表述“报刊在告诉人们应该‘怎样想’时并不成功，但是在告诉读者‘想什么’方面惊人成功”也表明媒体对受众产生的重要影响这一观点，但这些观点都没有“agenda setting”(议程设置)这两个英文单词更为简明扼要。

---

① 龙耘：《电视与暴力——中国媒介涵化效果的实证研究》，中国广播电视出版社2005年版，第180—235页。

第五，理论要具有开放性。世界处于不断的发展变化中，理论也要随着客观实在的变化而发生变化。这就意味着，传播学者在研究过程中要不断根据实际变化来完善和升级相关理论知识。例如，"把关人"理论不仅告诉我们在信息的传播过程中，具体信息是如何被筛选和传播的，还启发着我们思考传播控制问题。虽然这一问题也许并非理论提出者的本意和关注焦点，但是对这些问题的回答和思考一定程度上能帮助我们修正和完善理论。

二、概念化

此外，当我们谈到理论，以及理论在科学研究中的主要运用时，就离不开一个重要的过程——概念化。那么什么是概念化呢？它和理论是什么关系？怎么进行概念化？接下来的内容将对这些问题进行回答。

（一）概念化的含义

传播学研究过程中的概念化(conceptualization)通常指的是对抽象概念进行精细化和具体化的过程。概念化在传播学研究过程中有着极为重要的作用，只有通过概念化的过程，将抽象的理论概念转变为经验世界中那些人人可见的具体事实，研究的假设检验才有可能会成为现实。例如，如果要对"舆论领袖"的引导力进行检验，只有将"舆论领袖"和"引导力"这些抽象的概念进行概念化后，才可以在现实社会的调查研究中得以验证。因而可以说"概念化"是传播学研究过程中由理论到实际、由抽象到具体这一过程中的关键一环。例如，当我们提到"把关人"概念，虽然传播学界经常提到它，也能够感受到它，但我们并不知道它的大小、颜色和形状，也没有人能够触摸它。但是，当我们将"把关人"概念化为"传播过程中对信息进行筛选、允许某些信息进入传播通道"时，我们就可以在生活中感受到它，并且可以测量它了。简单来说，概念化的目的就是把我们无法得到的有关传播过程、制度，以及与传播者和受传者有关的内在事实，用代表它们的外在事实来替换，以便于在研究过程中通过后者来研究前者(见图 1-1)。

（二）概念化的方法

传播研究过程中的概念化，就是要给出概念的操作定义。这种定义一般可以看作一套程序化的工具，它告诉传播学者该如何识别研究过程中的抽象

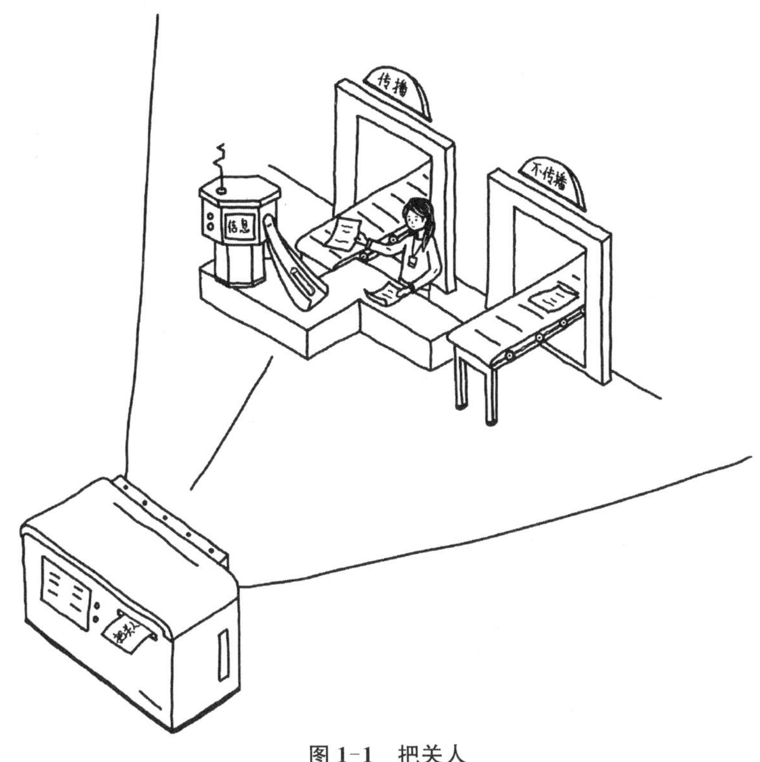

图 1-1　把关人

概念所指称的现实世界中的现象。[①] 因而研究者所选择的概念化有可能成为随后所作结论的前提。例如，关于传播过程中信息来源的可信度有几种概念化的方式。一种观点将可信度界定为“信息来源在所有传播环境中的形象”。采用信息来源的这一概念化处理方式，从信息来源的能力到信息来源的高度，部分研究者界定了影响信息可信度的几个因素。同时，关于传播过程中信息来源的可信度也可以将其解释为：“传播过程中的接收者在特定时间段内对传播来源所表现出来的一种态度。”当研究者通过这样的形式对信息来源的可信度进行概念化之后，信息来源可信度的态度因素就得到了研究。在某种程度上可以说，“概念化”这一过程是后来整个研究发展的基石。

---

① ［美］乔纳森 · H. 特纳：《社会学理论的结构》，吴曲辉等译，浙江人民出版社 1987 年版，第 8 页。

在传播学相关的学术研究活动中，当研究者将研究对象概念化时，研究者必须非常精确地将自己感兴趣的领域转变为一个个具体的、可进行操作化研究的问题，进而形成关于研究对象的看法。研究者通过分解感兴趣的研究对象的本质属性，告诉我们有关研究对象和变量的真正含义。从严格意义上来说，研究者对研究对象的概念化操作并不能被称为“真理”，因为它们还没有接受数据的检测。但研究者可以知道研究过程中的这一概念化将会在多大程度上是有用且合理的，以及能够在多大程度上应用于具体的研究过程中也是明确的。总的来说，从大的方面来看研究过程中的概念化主要可以包括两个方面的工作：第一，澄清与界定相关概念；第二，发展测量指标。

1. 澄清与界定概念

传播研究过程中以概念为名组织起来的资料往往具有很多实质性的差异，所以在研究中需要对主要的概念进行某些澄清和界定的工作。如果研究过程中缺少澄清和界定环节的话，不同的研究者就可以用同样的一个词汇或完全一样的一个句子来表达不同的含义和所指对象，那么，这一概念也将变得没有意义。交流与传播过程中，除非人们用同样的词语来表达同样的一种事物，否则交流与沟通是没有办法继续的。社会学家默顿曾指出“概念澄清的一个功能，是弄清包含于一个概念之下的资料的性质”。[①] 严格来说，在传播学研究的开始明确地指出一个概念包括什么、排斥什么时，可以为我们提供对于研究对象和内容分析的指导架构。与此同时，还可以使某些经验性研究中所含有的资料更加具有一致性和可比性。

在具体的操作过程中，研究者要弄清概念的定义范围，往往在给定或采用某个定义之前，可以先看看其他研究者对概念所下的定义是怎样的，有怎样的特点。对于至今都没有对研究对象下过明确定义的研究者来说，可以通过该研究者对研究对象概念的运用来确定其对这一概念的界定。除此之外，研究者还可以从介绍性的书籍或论文集（不少有关定义的论文会定期出现在介绍性书籍或评论的年刊中）、教科书、专业词典（《传播学手册》[*The Communication Handbook: A Dictionary*, Joseph A. Devit]）中获取相关概念的定义。通常词

① [美] 罗伯特·金·默顿：《论理论社会学》，何凡兴、李卫红、王丽娟译，华夏出版社 1990 年版，第 186 页。

典只为每个概念提供一个定义，因此，我们可以考察多种不同的原始资料。总的来说，哪种概念的定义最为贴合研究目的，研究者就可以采用哪种定义。

2. 发展测量指标

前文所叙述的概念的澄清和界定为研究者解决了概念的内涵问题，即给我们界定了明确的概念内涵的范围。但对于传播学中的很多研究来说，还需要对其进行操作化，将其转化为可以具体观察和能够测量得到的具体的事物。关于这一具体化过程，研究者可以遵循两个步骤。第一，列出概念维度。如前文叙述的，传播学研究中往往会包括很多抽象的概念，这些抽象的概念同时也会具有不同的维度和方面。也就是说，一个抽象的概念不仅仅对应一个单纯的、可以直接观察到的现象，它往往可以在现实生活中找到一组复杂的现象。例如，“人的受教育程度”和“读者每天的读报时长”就是两个具有多个不同维度的概念。第二，建立测量指标。传播学调查研究中的很多概念都是比较容易建立测量指标的。例如，人们的“性别”“年龄”“文化程度”“收入”等。但是对于那些抽象程度高、比较复杂的概念来说，发展和建立新的指标就不是一件容易的事情。这个时候研究者可以寻求和利用前人已有的指标，也可以先开始一段时间的探索性的研究，以便为发展出新的测量指标提供帮助。

第三节　科学研究的逻辑过程

科学之所以能和个人经验、权威、迷信区分开来，最重要的一个原因是其遵循了科学的逻辑过程。也就是说，只有那些经过严谨的逻辑推理得出的结论才能称之为科学。因此，在了解了科学及科学研究相关的基本概念之后，本书将对科学研究所遵循的逻辑过程进行简要介绍。

一、科学环

社会科学研究的逻辑过程通常可以用一个“科学环”来表示。“科学环”的概念由美国著名学者华莱士(Walter Wallace)在其著作《社会学中的科学逻辑》中提出，他认为任何科学要形成、发展、丰富、完善自己的理论体系，必须经过理论的建构和理论的检验这样一个循环往复、螺旋上升、永无止境的过程。[①] 在这个循环里,研究者通过不断地观察,从而不断地建构新理论和检验旧理论。这个循环往复的过程正是科学研究要遵循的逻辑过程。

下图1-2概括的就是科学环的逻辑过程。从图中可以看出两种科学研究的路径:第一种路径,研究者从理论出发,由理论产生假设,根据假设来选择观察对象,然后从观察结果中形成经验概括,以此来支持、推翻或修正原有理论,形成新理论。第二种路径,研究者从观察到的事实出发,在此基础上形成经验概括,并上升为理论,然后在此基础上做出假设,并寻求新的观察来检验这个假设。接下来,我们将结合这两种研究的路径,详细介绍逻辑推理包括的两个过程:归纳和演绎。

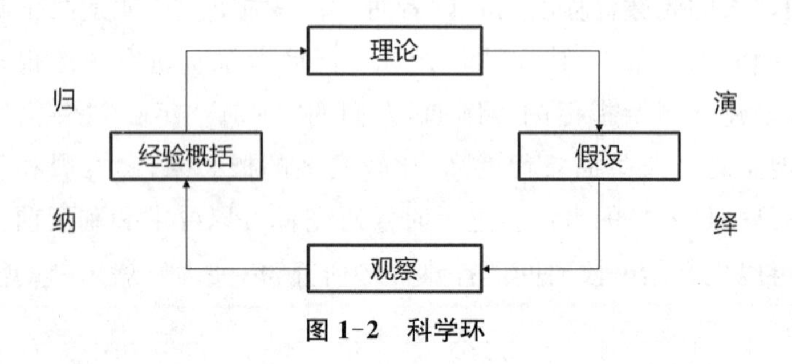

图1-2　科学环

二、归纳和演绎

(一) 归纳

归纳推理指的是从具体现象到普遍原则的推理过程。根据科学环所示,从观察到理论(圆环的左半边)遵循的就是归纳推理的逻辑过程,即研究者通过对特定自然现象或社会现象进行大量经验观察的资料累积,总结出关于该现象的普遍性假设的逻辑过程。归纳推理的一般过程是列出事实材料,将收集到的材料加以分类,并且从中得到某种启示,抽象出概念和原理。在传播学研究中,常用到的扎根理论方法一般遵循的就是归纳推理的逻辑路径。但需要说明的是,这种建立在经验观察基础之上的归纳建构也存在着一些弊端,例如,研究者观察取样存在不合理、不全面等问题。正因如此,对理论的归纳建

① Walter L. Wallace. *The Logic of Science in Sociology*. Aldine-Atherton, Inc., 1971, p.18.

构只是科学研究逻辑过程中的重要环节而不是全部内容，只有通过科学研究逻辑过程的其他链条的协同运作来进行理论的检验，才能保证归纳建构的相对科学性。

（二）演绎

演绎推理指的是从普遍的前提或原则出发，推导出个别性结论的过程。科学环的右半边，从理论到观察遵循的正是演绎推理的逻辑过程，即从一般的理论推广到特殊的情景中去。演绎推理的一般过程是研究者根据理论提出某些假设，然后研究者通过观察来肯定或否定原来的理论假设，从而得出结果。在传播学研究中，大多数的量化研究遵循的就是演绎的逻辑路径。需要说明的是，一般情况下研究者利用演绎建构得出的理论假设大部分是依靠推理来完成的，容易产生和实际情况不相符的演绎建构。因而，在具体的实施过程中研究者需要遵循严密的逻辑以及实施步骤。

科学环展现的是社会研究所遵循的一个总的过程，对于一项具体的研究项目来说，其逻辑过程常常只走完科学环的一半。也就是说，对于一项具体的理论建构研究，其逻辑过程是从观察走向理论；而对于一项具体的理论检验研究，其逻辑过程是从理论走向观察。简而言之，对于任何一项研究，研究问题决定了其逻辑的起点。

第二章　研究的步骤

进行任何一项科学研究，无论其目的是建构理论还是检验假设，都需要遵循一些共同的基本步骤。这些基本步骤包括：(1) 确定研究选题；(2) 设计研究方案；(3) 收集研究数据；(4) 分析研究数据；(5) 解释和报告研究结果。只有遵循这些环环相扣的研究步骤，研究者才能实现研究的目标并得出可靠的结果。接下来，本章节将对研究的几个主要步骤进行详细介绍。

第一节　确定研究选题

研究的第一个步骤就是要确定研究的选题。在这个阶段，主要涉及的内容就是提出和选择一个明确、清晰、有意义的研究问题。

研究问题指的是一项研究所要回答的具体问题，它是研究的目标和方向。譬如，“家庭沟通环境如何影响青少年儿童网络游戏沉迷倾向?”“老年人智能手机使用及其影响因素有哪些?”，就是一些新媒体相关的研究问题。那么，一个好的研究问题从何而来呢?

(一) 确定研究领域

研究问题的提出通常是从找到明确的研究领域开始的。研究领域指的就是社会研究所涉及的某一类问题领域。通过确定研究领域，就像在广袤无边的现实社会中画了一个圈，这个圈界定了研究者接下来的研究将涉及的范围。而这个范围一般来说要比具体的研究问题更宽泛。就传播学来说，如果按照研究主题来划分研究领域，大致可以分为：社区传播、健康传播、政治传播、公共关系研究、社会发展与传播、跨文化传播、组织传播、性别传播、媒介经济学、文化研究等等。通常来说，在一个研究领域下面，我们可以升华出多个不同的研究问题。

（二）形成研究问题

明确了研究领域后，接下来要做的就是形成研究问题，也就是将最初比较宽泛的研究领域具体化、精确化，将其转化成有价值且具有可行性的研究问题。

研究问题的形成最常用的方法是通过大量的文献阅读。阅读文献资料可以帮助研究者找到那些对新闻传播学科来说真正有价值的研究问题。例如，当我们阅读"沉默的螺旋"相关理论文献之后，会发现沉默的螺旋理论是在传统媒体的环境情境中提出的，那么这时我们可能就会想：沉默的螺旋理论假设在社交媒体环境中是否还成立？如果不成立，主要是什么因素导致的？等一系列问题。这个思考的过程就是研究问题形成的过程。

那么，阅读哪些文献资料可以有助于研究者形成研究问题呢？作为研究问题的灵感来源，相关的学术著作、教科书、学术期刊都是推荐阅读的文献资料。就传播学研究来说，《舆论》《沉默的螺旋》《作为文化的传播》《交往在云端》等学术著作，《新闻与传播研究》《国际新闻界》《新闻大学》《现代传播》等中文专业期刊，*Journal of Communication*，*New Media and Society*，*Chinese Journal of Communication* 等英文期刊都是传播学研究人员需要经常阅读的文献资料。以下为部分与新闻传播专业相关的期刊汇总，希望可以给读者提供一些帮助。

新闻传播学的SSCI收录期刊

1. *ARGUMENTATION*《论证》
2. *ASIAN JOURNAL OF COMMUNICATION*《亚洲传播杂志》
3. *CHINESE JOURNAL OF COMMUNICATION*《中国传播杂志》
4. *COMMUNICATION AND CRITICAL-CULTURAL STUDIES*《传播与批判/文化研究》
5. *COMMUNICATION MONOGRAPHS*《传播论丛》
6. *COMMUNICATION RESEARCH*《传播研究》

7. *COMMUNICATION THEORY*《传播理论》
8. *COMMUNICATIONS-EUROPEAN JOURNAL OF COMMUNICATION RESEARCH*《传播：欧洲传播研究杂志》
9. *COMUNICACION Y SOCIEDAD*《传播与社会》
10. *COMUNICAR*《传播》
11. *CONTINUUM-JOURNAL OF MEDIA & CULTURAL STUDIES*《媒体与文化研究杂志》
12. *CRITICAL STUDIES IN MEDIA COMMUNICATION*《传媒评论研究》
13. *DISCOURSE & COMMUNICATION*《舆论与传播》
14. *DISCOURSE & SOCIETY*《舆论与社会》
15. *DISCOURSE STUDIES*《论说研究》
16. *ECQUID NOVI-AFRICAN JOURNALISM STUDIES*《非洲新闻学研究》
17. *ENVIRONMENTAL COMMUNICATION-A JOURNAL OF NATURE AND CULTURE*《环境传播》
18. *ESTUDIOS SOBRE EL MENSAJE PERIODISTICO*《新闻学研究》
19. *EUROPEAN JOURNAL OF COMMUNICATION*《欧洲传播杂志》
20. *GAMES AND CULTURE*《游戏与文化》
21. *HEALTH COMMUNICATION*《健康传播》
22. *HUMAN COMMUNICATION RESEARCH*《人类传播研究》
23. *IEEE TRANSACTIONS ON PROFESSIONAL COMMUNICATION*《IEEE 专业传播汇刊》
24. *INFORMATION COMMUNICATION & SOCIETY*《信息、传播与社会》
25. *INTERACTION STUDIES*《交互作用研究》
26. *INTERNATIONAL JOURNAL OF ADVERTISING*《国际广告杂志》
27. *INTERNATIONAL JOURNAL OF COMMUNICATION*《国际传播杂志》
28. *INTERNATIONAL JOURNAL OF CONFLICT MANAGEMENT*

《国际冲突管理杂志》

29. *INTERNATIONAL JOURNAL OF MOBILE COMMUNICATIONS* 《国际移动通信杂志》

30. *INTERNATIONAL JOURNAL OF PRESS-POLITICS* 《哈佛国际新闻与政治杂志》

31. *INTERNATIONAL JOURNAL OF PUBLIC OPINION RESEARCH* 《国际公众舆论研究杂志》

32. *JAVNOST-THE PUBLIC* 《传播》

33. *JOURNAL OF ADVERTISING* 《广告杂志》

34. *JOURNAL OF ADVERTISING RESEARCH* 《广告研究杂志》

35. *JOURNAL OF AFRICAN MEDIA STUDIES* 《非洲媒体研究杂志》

36. *JOURNAL OF APPLIED COMMUNICATION RESEARCH* 《应用传播研究杂志》

37. *JOURNAL OF BROADCASTING & ELECTRONIC MEDIA* 《广播与电子媒介杂志》

38. *JOURNAL OF BUSINESS AND TECHNICAL COMMUNICATION* 《商务与技术传播杂志》

39. *JOURNAL OF COMMUNICATION* 《传播杂志》

40. *JOURNAL OF COMPUTER-MEDIATED COMMUNICATION* 《计算机媒介传播》

41. *JOURNAL OF HEALTH COMMUNICATION* 《健康传播杂志》

42. *JOURNAL OF LANGUAGE AND SOCIAL PSYCHOLOGY* 《语言与社会心理学杂志》

43. *JOURNAL OF MASS MEDIA ETHICS* 《大众媒介伦理学杂志》

44. *JOURNAL OF MEDIA ECONOMICS* 《媒体经济学杂志》

45. *JOURNAL OF PUBLIC RELATIONS RESEARCH* 《公共关系研究杂志》

46. *JOURNAL OF SOCIAL AND PERSONAL RELATIONSHIPS* 《社会与人际关系杂志》

47. *JOURNAL OF THE SMPTE-SOCIETY OF MOTION PICTURE*

AND TELEVISION ENGINEERS《电影与电视学会杂志》
48. *JOURNALISM & MASS COMMUNICATION QUARTERLY*《新闻学与大众传播季刊》
49. *JOURNALISM STUDIES*《新闻研究》
50. *LANGUAGE & COMMUNICATION*《语言与交流》
51. *MANAGEMENT COMMUNICATION QUARTERLY*《管理传播季刊》
52. *MASS COMMUNICATION AND SOCIETY*《大众传播与社会》
53. *MEDIA CULTURE & SOCIETY*《大众媒介、文化与社会》
54. *MEDIA INTERNATIONAL AUSTRALIA*《澳大利亚国际媒体》
55. *MEDIA PSYCHOLOGY*《媒介心理学》
56. *NARRATIVE INQUIRY*《记叙文探究》
57. *NEW MEDIA & SOCIETY*《新媒体与社会》
58. *PERSONAL RELATIONSHIPS*《人际关系》
59. *POLITICAL COMMUNICATION*《政治传播》
60. *PUBLIC OPINION QUARTERLY*《公共舆论季刊》
61. *PUBLIC RELATIONS REVIEW*《公共关系评论》
62. *PUBLIC UNDERSTANDING OF SCIENCE*《科学的公众认识》
63. *QUARTERLY JOURNAL OF SPEECH*《演说季刊》
64. *RESEARCH ON LANGUAGE AND SOCIAL INTERACTION*《语言与社会应对研究》
65. *RHETORIC SOCIETY QUARTERLY*《修辞学会季刊》
66. *SCIENCE COMMUNICATION*《科学传播》
67. *TECHNICAL COMMUNICATION*《技术传播》
68. *TELECOMMUNICATIONS POLICY*《电信政策》
69. *TELEVISION & NEW MEDIA*《电视与新媒体》
70. *TEXT & TALK*《文字和语言》
71. *TIJDSCHRIFT VOOR COMMUNICATIEWETENSCHAP*
72. *TRANSLATOR*《翻译者》
73. *VISUAL COMMUNICATION*《视觉传播》
74. *WRITTEN COMMUNICATION*《书面传播》

CSSCI 收录的新闻传播学期刊

75.《编辑学报》中国科学技术期刊编辑学会

76.《编辑之友》山西三晋报刊传媒集团有限责任公司

77.《出版发行研究》中国出版科学研究所

78.《出版科学》湖北省编辑学会、武汉大学

79.《当代传播》新疆日报社等

80.《国际新闻界》中国人民大学

81.《科技与出版》清华大学出版社有限公司

82.《现代出版》中国大学出版社协会等

83.《现代传播(中国传媒大学学报)》中国传媒大学

84.《新闻大学》复旦大学

85.《新闻记者》上海社会科学院新闻研究所等

86.《新闻界》四川日报报业集团

87.《新闻与传播研究》中国社会科学院新闻与传播研究所

88.《新闻与写作》北京日报报业集团

89.《中国编辑》中国编辑学会等

此外,研究问题的形成有时也得益于对现实生活的观察或个人的经历体验。只要我们善于观察并保有好奇,我们就会发现其实身边存在着无数有意思的研究问题。譬如,在新冠肺炎疫情暴发的时期,我们会发现身边很多人依旧不愿意戴口罩,某些比较敏感的科研人员就会从这个现象入手,提炼出一些自己好奇的研究问题:“在新冠肺炎疫情时期哪些人外出时不愿意佩戴口罩?哪些因素会导致人们在新冠肺炎疫情时期外出时选择不佩戴口罩?”等等。可以说,从现实生活或个人的经历体验中找到研究问题是最简单的一种途径,但是,如果要有效运用这种找到研究问题的途径,就要求研究者养成观察生活的习惯。

简而言之,研究问题的提出通常都是来自研究者的疑问,这种疑问包括对理论文献资料的疑问,也包括对日常生活现象的疑问。因此,要提出一个好的研究问题,就需要研究者一直保持好奇。

第二节　设计研究方案

在研究问题确定后，研究者需要进行的第二个步骤就是设计研究方案。研究方案指的是为回答研究问题而进行的事前设计，它包括具体的研究思路与方法选择、研究的步骤和实施方案等多个方面。如果说研究问题是研究前进的目标，那么研究方案的设计就是为实现研究目标而进行的道路选择与工具准备。研究方案的好坏会直接影响研究的推进以及研究成果的实现。研究方案的设计大致包括四个步骤（见图 2-1）：(1) 明确研究类型；(2) 确定分析单位与观察对象；(3) 确定时间维度；(4) 选择研究方法。

图 2-1　研究方案

一、明确研究类型

在研究设计阶段，研究者首先需要明确的是，要做的这个研究属于什么类型。不同类型的研究在研究设计的要求、研究对象和研究方法的选择,以及在具体操作上都会有所区别。基于研究的目的,我们可将新闻传播学科的研究问题分为三种:描述性研究、解释性研究、探索性研究。

(一) 描述性研究

描述性研究(descriptive research)的目的是对某一社会现象的状况、特征及发展过程进行系统性、客观性、准确性的描述,通常以收集有关总体分布特征,提供有关总体结构、现象特征等方面的信息为主。比如,调查某网络社区的全貌,调查老年人微信使用特征,调查我国边疆地区存在的数字鸿沟现象特征,调查不同地域是否存在着数字鸿沟成因差异等。

由于描述性研究要反映的是总体的水平与趋势,因此它要求研究结果有很强的概括性以及可推广性。基于此,描述性研究对于样本抽取的方式以及样本的数量有着严格的要求。大多描述性研究的样本量都会比较大,且多采用概率抽样的方式来选择研究对象。此外,描述性研究的资料搜集方式多采用封闭式问题为主的量化问卷调查。当然也有少数描述性研究采用的是质化数据采集的方式,但此类研究基本都进行了长期的、持续的当地考察以及访谈,从而保证描述的准确性与概括性。

(二) 解释性研究

解释性研究(explanatory research)的目的是探寻某一现象或者行为形成的原因,分析现象间的因果关系,预测事物发展的趋势或后果。人类对于社会现象的讨论不可能只停留在一个宽泛的、整体性的认识上。在有了足够的研究基础的情况下,我们接下来就会对这些纷繁复杂的现象提出一个问题,那就是"为什么会出现这种现象?"例如,在对老年群体的媒介接触有了一个整体性的把握后,研究者就会开始思考"为什么有些老年人热衷于使用微信,有些老年人则仍坚持使用手机短信功能"诸如此类的问题。要回答这些问题,就需要进行解释性研究。

由于解释性研究回答的是原因与规律的问题,所以它相较其他类型的研究更具有理论性。解释性研究一般基于假设检验的逻辑,即在对研究现象有一个整体把握后,提出某种可能存在的假设,然后通过资料的收集对假设进行验证,从而进行缜密、严谨的解释。此外,相较描述性研究,解释性研究需要有更强的针对性。如果说描述性研究解决的是宽度的问题,那么解释性研究所要回答的就是关于深度的问题。解释性研究并不要求面面俱到,而是对要进行分析的研究问题进行深入的剖析。为了使研究结果更具有准确性与针对性,解释性研究往往只对某一方面的问题进行解释验证。例如要研究老年群体的隐私风险感知与社交媒体信任之间的关系,那么研究者就需要将研究重点聚焦在隐私风险感知与社交媒体信任这两个概念的讨论上,且在研究方法、研究对象的选择,或是资料搜集与分析的选取方面都紧紧围绕这两个概念进行。

(三) 探索性研究

探索性研究(exploration research)的目的是针对某种现象或问题进行开拓性、前瞻性的探索与了解,由此获得一些初步的印象与感性认识,为之后更加深入与成体系的研究奠定基础。例如,关于聋哑儿童的媒介使用与依赖问题的研究。聋哑儿童属于相对特殊的人群,关于其媒介使用与依赖行为的文献资料较少,在这样的情况下,研究者就可以采用探索性的研究。

探索性研究的主要目的是通过研究来解决一些已有研究成果较少甚至缺失的问题,因此探索性研究对于研究的深度与系统性要求相对较低。其次,探索性研究的结果也很少用来进行假设的验证或者进行普遍性的推广,因此其对研究方法的要求也相对较低。一般来说,探索性研究多采用参与式观察和无结构访谈等方法搜集资料,且研究的样本规模也比较小。简而言之,探索性研究的结果只是一个轮廓的勾勒,只是有关某些问题的"初步印象",它很难给予一个非常系统与深入的回答,因此探索性研究多用于为后来的研究提供基础资料。

需要说明的是,以上对于研究目的性质的划分是相对的,在一项研究中可能会有多种研究目的交织的情况,例如,一个研究问题很可能既包括描述性的目的,又包括解释性的目的。因此,研究者在确定研究类型的时候,一定要对研究的目的进行全面考虑。

我们明确了研究类型,接下来就要根据不同的研究类型进行具体的设计。在研究设计阶段,研究者需要完成的工作主要有:确定分析单位与观察对象、确定时间维度,以及确定设计研究方法。

二、确定分析单位

研究对象也被称为分析单位(unit of analysis),它是某个研究中被研究的人或事物,它的属性特征构成了研究的主题和内容。分析单位范围广泛,可以是个人(比如“大学生对智能手机的购买情况调查”的分析单位是每一个大学生),也可以是群体(比如“社会地位低的家庭和社会地位高的家庭的比较研究”的分析单位就是家庭)、组织(比如“5G 技术对我国新媒体机构的影响”这个课题的分析单位是我国新媒体机构组织),或社会产品(比如“流行歌曲传播力调查”的分析单位是流行歌曲这种社会产品)。

三、确定时间维度

在传播学研究里,“时间”往往是重要的变量之一,比如十年前新闻图片的选择和编辑准则跟现在肯定大不相同,十年前媒体组织里性别比例也跟现在不一样。因此,在研究设计阶段,研究者需要考虑时间因素在自己研究中所占的地位。通常来说,传播学研究根据时间维度可以分成两类:横向研究和纵向研究。

(一) 横向研究

横向研究(cross-sectional studies),又称为横剖研究,是传播学研究中最常见的一种形式,指的是通过在同一时间点上收集研究数据,以描述观察对象在这同一时间点上的状况,或比较不同观察对象在同一时间点上的差异的研究。例如研究不同年龄的人在某一特定时间点对于“抖音”平台的态度。注意,这里的“时间点”指相对而言比较短的一段时间,可以是一天、一周、一个月等,并非严格的某一天或某一分一秒。横向研究的优势在于其调查面较广,可以对现象的现状做出准确、清楚的描述,也可以对不同类型的研究对象进行描述和比较。探索性和描述性研究大多都采用横向研究设计。但横向研究的缺陷也很明显,那就是通过横向研究获得的数据资料深度和广度较差。

(二) 纵向研究

纵向研究(longitudinal studies),又称为纵贯研究,指的是通过在不同的时间点上收集研究数据,以描述同一观察对象在不同时间点上的差异,从而揭示其发展变化规律的研究。纵向研究的优势在于可以描述现象变化的过程，但其缺陷在于研究持续的时间较长，对研究过程的控制较弱。由于纵向研究比横向研究花费的时间、人力和经费都多，因此在实际研究活动中纵向研究一般比横向研究数量少。纵向研究通常又分为以下三种类型。

1. 趋势研究

趋势研究(trend studies)是针对同一总体，采用同样的抽样方法，对在不同时间点上发生的变化的研究。其目的在于通过对同一总体在不同时期的行为或状态进行比较，揭示社会现象的变化趋势和规律。我国进行的人口普查就是典型的趋势研究。在传播学研究中，比如针对《人民日报》近 20 年来报道内容变迁的研究也可算作一种趋势研究，研究者可以选择某一个时期，如 2000 年至 2020 年，每年随机抽一个样本周进行内容分析，从中看出该报近 20 年内容发展变化的趋势。虽然每一年的样本周所包含的个案并不相同，但都是用同样的方法从同一个总体里取得的，因而在总体层次上属于同一分析单位，可以进行纵向比较。此外，趋势研究还要求在对不同时间点上所采集的样本进行分析时，使用相同的测量方法，比如使用同一个内容分析编码表、提出相同的研究问题、使用同一份调查问卷、统计相同的变量等。

2. 代群研究

代群研究(cohort studies)又称为同期群研究，指的是针对某一特定人群在不同时间点所发生的变化的研究，其目的在于揭示这些特定人群发展变化的规律和趋势。在代群研究中，每次研究的样本所包含的个体可以不一样，但他们都属于同一个特定人群。例如，我们想要了解 80 年代出生的人对社交媒体态度的研究，我们可以每隔 10 年进行一次全国抽样调查。2010 年调查 20—30 岁的人，2020 年调查 30—40 岁的人，2030 年调查 40—50 岁的人。虽然这三次研究样本有可能是不同的，但他们都代表 80 年代出生的那一群体。

3. 固定样本研究

固定样本研究(panel studies)又称为同组研究，指对同一群人在不同时间点所发生的变化的研究。跟代群研究不同，固定样本研究每次都使用同一个样本，即第一次研究了哪些人，以后的研究也要研究这些人。它的优势在于能够分析个体层面的认知、态度和行为的变化模式和过程，而前两种纵向研究都只能研究群体层面的变化。但是，随着时间推移，固定样本的研究对象有可能产生难以预料的变化，比如离开研究地点、死亡、拒绝继续参与研究，最终留下的研究对象会少于最初的研究对象，这样就会降低研究样本的代表性，因此进行固定样本研究时需要注意研究对象流失的问题。例如，我们想要了解某某大学新闻学院2020届硕士研究生对接受到的专业教育满意度的变化，我们可以在这些研究生第一个学期末的时候做一个专业满意度调查，在第二个学期末的时候再对同样的这群研究生做一个专业满意度调查，在第三个学期末的时候再对同样的这群研究生做一个专业满意度调查，通过三次调查可以分析某某大学新闻学院2020届硕士研究生对接受到的专业教育满意度的变化。

四、选择研究方法

研究方法是研究者用来收集数据或资料时所采用的具体手段，也是本书介绍的重点。传播学的研究方法大致分为质化研究方法和量化研究方法两类。研究者要根据具体的研究问题、研究目的来选择最合适的研究方法。例如，当我们想了解一群人的媒体接触行为和态度观念特征，并且希望能够推断出这群人所代表的那个社会群体的特征时，量化研究方法或许是合适的方法。而当我们的目的在于考察大众对生活世界和传播现象的深入解释，以及他们怎样做出媒体选择时，质化研究方法便是最优选择。

此外，在研究方法部分不仅需要选择采取质化还是量化的方式，同时还需确定数据收集的方式（例如问卷调查、控制实验、内容分析等）、样本规模的大小、测量方式以及数据分析的方式等。后面几个章节将会对这些内容进行详细介绍。

第三节　收集和分析数据资料

在研究方案设计完成后，接下来研究者要进入的就是研究的真正实施阶段，即收集和分析数据资料。由于本书的之后几个章节都会对资料收集和分析的过程进行具体介绍，本节仅作综合性的简单介绍。

一、收集数据资料

在这个研究的实施阶段，研究者首先要做的就是根据研究方案中确定的具体研究方法、研究工具、研究技术来开展数据资料的收集。

从大的方面来说，传播学研究数据资料的收集有两种主要的形式：一手资料收集和二手资料收集。一手资料收集指的是研究者根据研究目的专门进行的原始资料收集方式，例如利用问卷调查、控制实验、实地观察、深度访谈等方式进行资料收集。二手资料收集指的是研究者对那些因为其他的目的获得的资料进行收集的方式，例如对报纸、电视、短视频等媒体上的内容资料进行收集。一般来说，相较于一手资料收集的方式，二手资料收集既节约时间又无须花费大量的经费，但在使用二手资料时，研究者需要谨慎评估其质量和适用性。

对一手资料进行收集是传播学研究最常见的一种数据采集方式。在一手资料采集的过程中，对于不同的研究方法，数据采集的方式也会不同。如果计划采用量化的方式进行研究，那么就可以采取问卷调查、控制实验以及内容分析等方法来进行数据资料的采集。如果计划采用质化的方式进行研究，那么研究者可以选择实地观察、深度访谈以及焦点小组访谈等方法来进行质化数据资料的采集。本书的后面几章内容会对以上这些具体的数据资料收集方法进行详细的介绍，因此我们在这就不做深入介绍。

二、分析数据资料

我们都知道，科学研究的主要目的就是通过有效的数据来回答研究问题。但是，在我们具体实施的过程中会发现，大多数收集到的数据是无法直接回答研究问题的。如果研究者要回答提出的研究问题，就需要对这些收集到的数据进行进一步的加工和处理。因此，在数据资料收集完成后，研究者接下来通常需要做的就是对这些采集到的资料进行分析处理。

对数据的分析处理通常包含资料审核、整理、编码转换和分析等多个步骤。由于量化研究与质化研究的目的和数据资料形式之间存在着很大的差异，其数据分析方式也有所差别。一般来说，量化研究收集到的数据资料需要转换成数字形式才能进行统计分析，而质化研究的数据资料则无须转换，可直接对数据资料进行编码和归类分析。就分析工具来说，量化研究常常借用现成的统计软件（如 SPSS、SAS、Mplus）进行基础统计分析（如频数分析、平均数分析、百分数分析），或初步统计分析（如相关性分析、交互分析），或高级统计分析(如分层回归分析、数学模型分析)。而质化研究的数据分析过程要么完全是由人工来完成,要么借助一些质化分析软件(如 NVivo)来完成数据的编码和归类工作。

总而言之,不论是量化研究还是质化研究,其资料的处理和分析过程都有一套比较成熟的、固定的操作步骤。

第四节　解释和报告研究结果

对于研究者来说,在完成数据资料分析之后,最后一个步骤便是撰写一份研究报告来解释和报告研究的结果。只有当研究报告完整地呈现出来,并且提交发表后,整个研究过程才算结束。

根据研究目的和读者对象的不同,研究报告可以分为专题报告、综合报告、学术报告等类别。本书主要关注的是学术性研究报告的撰写。学术性研究报告通常由研究题目、内容摘要、研究背景与研究目的、文献综述、研究方法、结果发现、结果讨论以及参考文献等部分构成。一份规范的学术性研究报告需要告诉读者以下五个方面的信息。

(1) 你做了什么研究。整个研究最基本的是要向读者告知你做了一个什么样的研究。在研究报告中,一般是通过标题和摘要让读者快速获知这一信息。

(2) 你为什么研究。就是要告诉读者你做这个研究的价值在什么地方,即说明自己是如何在社会现象的观察中以及如何在前人的研究基础上发现了有价值的研究问题,并且阐明该研究在当下具有什么样的现实与理论价值。在研究报告中,一般是在导言与文献综述部分告知读者这部分信息。

(3) 你如何做的研究。也就是要简明、精细地描述整个研究设计、数据收集和数据分析的过程,以及研究设计的合理性和科学性。在研究报告中,这一部分通常体现在研究设计与方法部分。

(4) 你的研究发现了什么。研究报告应当准确、客观地呈现数据分析的结果,从而告诉读者你这个研究发现了什么重要内容。在研究报告中,一般是通过结果发现部分让读者获知这一信息。

(5) 研究启示和反思。研究报告的最后需要对研究的发现进一步阐释，总结出研究结果的意义和启示，并呈现研究者对于研究的评价和反思，为今后的研究提供一定的方向性建议等。在研究报告中，一般是通过结果讨论和总结两个部分让读者获知这些信息。

整体来说，学术性研究报告的撰写一定是规范的、专业的、简明的。在本书的第十一章，我们将通过一个章节的内容具体介绍如何撰写一份规范的研究报告。

总之，传播学研究作为人文社科类研究，其研究始于研究问题的选择，终于研究报告的写作，其中伴随着研究设计、数据资料收集以及数据分析三个中间阶段。当然，以上研究过程及其阶段的划分并不是绝对的，也就是说一个传播学研究并不一定非要经过以上五个阶段。

第三章　测量

对于传播学研究来说，测量是最重要的基础之一。传播学实证研究实际上就是通过科学的手段对人类社会的传播现象和传播活动进行明确的、有效的观察与测量，从而比较观测对象的各种差异。什么是测量？如何进行客观的测量？如何判断测量是否科学有效？为了回答这些问题，本章将对测量的概念与类型、测量的过程，以及测量的信度与效度进行详细介绍。

第一节　测量的概念和分类

在介绍如何进行测量之前，需要对测量的基本概念、要素和测量的对象及类别有个基本的认识和了解。

一、测量的概念

简单地说，测量就是对研究内容进行有效的观测和度量。具体来看，测量就是研究人员根据一定的规则或法则，用数字或符号将物体、现象所具有的属性或特征表示出来的过程。测量包括四个要素：(1) 测量的对象，即要"测量谁"的问题。比如测量对象是抖音的用户；(2) 测量的内容，即"测量什么"的问题，也就是说要测量客体的什么属性或特征。结合上述示例，测量的内容就是抖音用户的满意度；(3) 测量的法则或规则，即"怎么测"的问题，需要明确用数字或符号表达测量对象某种属性或特征的操作性规则。比如利用李克特5点量表去测量抖音用户对平台的满意度；(4) 数字或符号，即"测出来什么"的问题，也就是用来表示测量结果的工具。比如用户满意度是5分。

有效的测量需要满足以下三个条件。

(1) 完备性，即分配规则必须要包括研究变量的各种状态或变异。例如，测量手机用户学历层次的高低，如果只设有本科和研究生两个取值，而忽略了其他学历层次，那么这样的测量就是不完备的。

(2) 准确性，即所分配的数字或符号能真实、可靠，能有效地反映观测对象在属性和特征上的差异。例如，两台电视节目的收视率分别为 3.5 和 2.8，那么这两个收视率指数能否反映两台节目受欢迎程度的差异就取决于评估标准的准确性。

(3) 互斥性，即研究变量的取值是互不相容的，每一个观测对象的属性特征都只能以一个数字或符号来表示。例如，测量手机用户的婚姻状况，如果设有已婚、离异、单身三个取值，那么这样的测量就不是互斥的，因为离异和单身这两个取值之间具有包含关系。

二、变量的类型及测量级别

如上文所述，测量就是研究人员根据一定的规则或法则，用数字或符号将物体、现象所具有的属性或特征表示出来的过程。那么，对“物体、现象所具有的属性或特征”的概括就是我们所说的变量。变量是一个具有多个取值的概念，可以根据不同方式对变量进行分类。

(一) 按变量的作用分

按照变量在研究过程中的作用，可以分成自变量(independent variable)、因变量(dependent variable)和外来变量(extraneous variable)。

具体来说，自变量是引起变化的变量，是研究者做研究时进行系统化操纵的变量；因变量是因为自变量变化而发生变化的变量，它是试图观测和估计的对象。外来变量指的是一些可以影响因变量，但是在研究设计中没有包括的一些变量。在研究中，外来变量能够使研究结果变弱或无效，因此需要严格排除。

(二) 按变量的性质分

根据变量的取值性质，变量又可以分成离散型变量(discrete variable)和连续型变量(continuous variable)。

离散型变量只能取有限的数值，研究者可以在调查问卷上根据问题给出具体的选项供调查对象选择，如性别、年级、民族、社会面貌等。连续型变量则可以取任何数值，如收入、成绩、使用媒介的时间、对媒体的满意程度（在一定的分数区间内）等。在问卷设计上，连续型变量可以采用封闭式范围问题。如：

示例：你平均每天在手机游戏上花费的时间是？
——A. 小于 1 个小时；
——B. 1—2 个小时（包括 1 小时）；
——C. 2—3 个小时（包括 2 小时）；
——D. 3—4 个小时（包括 3 小时）；
——E. 4 个小时以上（包括 4 小时）。

也可以采用开放式问题，供问卷填答者自行填答。如：

示例：到目前为止，你在玩手机游戏上花过____元。

但是，仅仅将变量划分成离散型和连续型两种，还不能够确定相应的统计分析手段，更精确的划分是按照测量级别来划分变量。

（三）按测量级别分

我们都知道，研究中的"测量"是对变量进行测量。在研究的过程中，对于不同的变量类型需要使用不同的测量尺度，就如同测量体温要用温度计，测量身高要用米尺一样。根据测量尺度的不同，变量又可以分成定类变量（nominal variable）、定序变量（ordinal variable）、定距变量（interval variable）和定比变量（ratio variable）四种类型。

1. 定类变量

定类变量是测量层次最低的一种变量类型。这类变量的取值只表示类别的区分，不表示任何数量上的大小。例如性别、学科、婚姻状况就属于典型的定类变量，因为性别可以划分为男性和女性，学科可以分为理工科和文科等，婚姻状况可以分为已婚和单身，这些划分仅表示类别的不同，不表示任何数量的顺序和大小。因此,在分析定类变量时,根据不同的取值,研究者只能知道研究对象在某个特征上是相同的还是不同的。此外,在划分定类变量时,要注意兼顾穷尽性和排他性。也就是说,定类测量划分出的类别首先要穷尽所有可能,然后保证不同的类别之间不会出现交叉重叠。定类变量的分类功能是测量中最基础的功能,其他测量级别都包含着分类功能。

2. 定序变量

定序变量不仅表示分类,还可以按照某种逻辑顺序将分类排列出高低和大小,确定不同的等级和次序。例如,受教育程度就是一个定序变量,它可以按照学历高低对其取值进行排列(文盲、小学、初中、高中、大专、大学及以上),后面的取值比前者高;社会地位也是一个定序变量,它可以按照社会地位高低对其取值进行排列(低、中等、高)。

为了方便判断大小或比较程度轻重,研究者经常对定序变量的不同类别进行赋值,比如态度量表里用数字"1"至"5"来代表"强烈同意"至"强烈不同意"。这样能够使变量转换为可以比较大小的数字,从而进行分析。但是需要注意,定序变量中的数字仅仅只是显示了等级顺序,并非实际上各个类别之间的绝对距离,比如上述例子中的"强烈同意"和"同意"这两个类别之间的绝对距离并不一定等于"中立"和"不同意"这两个类别之间的绝对距离。因此,定序变量的数值严格上来说是不能用来进行数学运算的。

3. 定距变量

定距变量是在前两种测量的基础上更进一步,它不仅能够区分不同的类别和等级,还能区分不同类别和等级之间的间隔距离和数量差别,即可以通过计算确定变量之间的具体差距。定距变量最经典的例子就是温度测量。10 摄氏度、20 摄氏度、30 摄氏度之间有着数值的差异,可以形成定距的比较关系。我们可以说 10 摄氏度比 30 摄氏度低 20 摄氏度,也可以说 10 摄氏度到 50 摄氏度的温度差距比 30 摄氏度到 50 摄氏度的差距更大。但这里需要注意,定距变量的零点只是起到帮助记分的作用,并没有具体的含义,如 0 摄氏度只是华氏温度的一个测量标准,并不代表 0 摄氏度就没有温度,0 摄氏度也是一种温度。同样我们也不能说 20 摄氏度是 10 摄氏度的两倍。

4. 定比变量

定比变量是测量层次最高的一种变量类型。和定距变量的不同之处在于定比变量具有实在意义的真正零点。也就是说，判断一个变量是否是定比变量，关键在于检验“零”对于变量来说是否代表“一无所有”。例如，身高就是一个定比变量，因为“零”对于身高来说就代表没有高度；收入也是一个定比变量，因为收入为“零”就代表没有收入。类似的定比变量例子还有电视剧的收视率和电影院的入座率。由于定比变量不仅集合了前面三种变量类型的一切特征，而且又具有实际意义的绝对零点，因此，它所得的数据是可以进行一切加减乘除运算的。

为方便直观了解不同测量层次变量的级别和数学性质，我们通过表 3-1 来表示。

表 3-1 测量尺度的比较

	定类变量	定序变量	定距变量	定比变量
定类区分(＝、≠)	有	有	有	有
定序区分(＞、＜)		有	有	有
定距区分(＋、－)			有	有
定比区分(×、÷)				有

从上表中可以看出，从定类变量到定比变量是一个测量层次逐渐递进的过程，测量层次比较高的变量同时具有测量层次比较低的变量的所有属性。因此，在实际分析的过程中，测量层次比较高的变量可以转换为测量层次比较低的变量，但是测量层次比较低的变量则不能转换为测量层次高的变量。

在传播学研究的过程中，最理想的状态是都采用定比尺度来测量变量，从而保证获得足够丰富和精确的信息。但是，在人类社会的传播环境中，能准确通过定比尺度来测量的变量却很少，大多数变量只能以定类或定序的尺度来测量。遇到这样的情况，为了方便分析，我们有时也会将某些现象近似地看作定距变量或者定比变量，例如态度测量。简而言之，变量测量尺度的选择要结合研究的需要以及课题的条件来进行。

三、测量的误差

除了上述对测量的基本认识以外，我们还应该知道在进行测量时不可避免地会存在测量误差。测量误差指的是测量的结果和真实值之间存在的差距。在社会科学领域,我们的测量只能尽可能接近于真实值,不可能完全等于真实值。因此,我们在测量过程中应该尽可能通过科学合理的设计来减小测量的误差。

测量误差的来源一般有两种。一种是由于测量手段不精确带来的误差。例如,我们利用仪器测量法对电视收视率进行测量的时候,还有许多在仪器测量之外的情况无法被探测到。这种由于测量手段不精确导致的误差只能被缩小,无法完全消除。另一种测量的误差是由于抽样方式不合理引起的误差。譬如研究者在抽样过程中的主观偏见导致了研究对象进入研究样本的机会不均,在测量收视率时,有意选择高学历、高收入群体等。这种测量误差可以通过随机选择调查对象来消除。

第二节　概念的操作化

传播学研究中的测量就是对传播现象和传播活动进行有效的观测和度量。而现实生活中的传播现象和传播活动又是由一个个抽象化的概念描述表达而成,如国家形象、媒介素养、媒介使用等等。因此,对传播现象和传播活动的测量就需要从对相关概念进行操作化开始。在详细介绍概念操作化过程之前,我们需要首先明确什么是概念。

一、概念

概念是人们在日常生活中通过感性认识和互相交流形成的对具体现象和事物的抽象表达。简单来说,概念就是对具体现象做普遍性的解释。它是人们对许多现象和事物复杂而又具体的感受集合,然后通过一个概括性的名词来表达这种感受。例如,人们观察到有些个体与个体之间存在强烈的依恋、亲近、向往、思念的现象,这时就会用一个大家都接受的名词(如“爱情”)来抽象地表达这种现象。需要注意的是,概念是人们通过思维建构出来的,是对客观现实的抽象表达,它们本身并不存在,因此无法直接观察到。

此外,学术研究中的概念和在日常交往中使用的概念是不同的。日常交往中我们使用的概念往往是模糊的,指代着一系列具有相关特性的事物,人们对这些概念的掌握往往是通过过往的经验总结出来的,并不会有非常精确的表述。而在研究中使用的概念则需要非常精确的界定和准确的表述,研究者也必须对自己要进行研究的概念用抽象的理论术语进行详细而清晰的表述。学术研究中的概念必须是严谨的,所以对概念的表述要准确而不能让人产生误解。对于学术概念的表述我们称之为概念定义。例如,“网络成瘾”作为一个学术概念可以定义为“上网者由于长时间地和习惯性地沉浸在网络时空当中,对互联网产生强烈的依赖,以至于达到了痴迷的程度而难以自我解脱的行为状态和心理状况”。

二、概念的操作化

正如上面所述,概念是抽象的。如果要对传播现象和传播活动进行有效的观测和度量,就需要将抽象的概念定义转化为可观察的具体指标。例如,“传播效果”的概念可以转化为点赞数、转发数以及评论数三个可以测量的指标(见图 3-1)。这个将概念转化成为具体可观察指标的过程就叫作概念的操

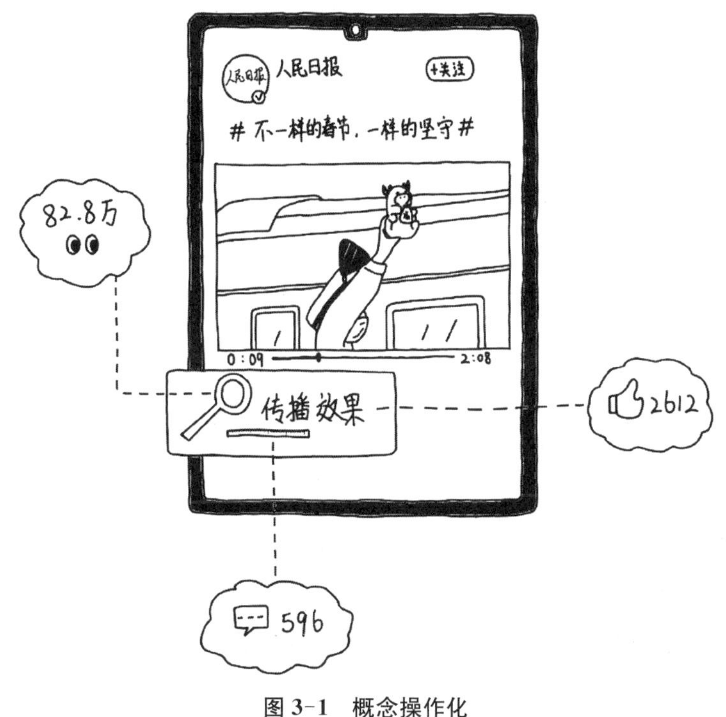

图 3-1　概念操作化

作化，其目的是通过能够体现具体差别和量值的指标来表达抽象概念，使得抽象的概念也能够得到很好的测量，以此对其进行更客观准确的研究。操作化可以被看作理论到实际、抽象到具体的桥梁，是使抽象思维和概念得以研究的前提。

具体来说，概念操作化的流程就是：将概念转化到变量，然后变量转化到指标，最后再对指标进行测量。概念、变量和指标这三者的抽象程度依次递减，概念是抽象的，指标是具体的。例如，要对“网络成瘾”这一概念进行测量，就需要首先将“网络成瘾”这一概念转化成明确的变量，如“网络成瘾的症状”，然后将“网络成瘾的症状”这一变量又转化为如下（表 3-2）具体的测量指标。

表 3-2　概念操作化示例

变　量	指　　标
网络成瘾的症状	不管再累，上网时总觉得很有精神。
	只要有一段时间没有上网，心里就会觉得不舒服。
	发现自己上网的时间越来越长。
	向他人说谎以隐瞒自己对网络的迷恋程度。
	因投入在网络的时间过多而减少和朋友的交往。
	因投入在网络的时间过多而导致学习/工作效率变差。
	因为上网，平时参与其他活动的时间减少了。

上述流程看似简单，实则需要研究者在整个过程中阅读大量的文献，对操作化的每一个环节进行严谨审慎的操作，否则就会大大降低整个测量的有效性和准确性，从而影响整个研究结果。

第三节　量表和指数

在确定了测量的指标后，研究者接下来就需要思考运用什么工具来进行实际测量。对于那些无法通过单一指标来进行测量的复杂变量，通常就需要借助量表和指数进行有效测量。因此，本节将对传播学研究中会运用到的几种量表类型和指数的概念进行简要介绍。

一、量表

量表是一种基于多个题项的复合测量工具，其作用是尽可能准确地对较为复杂的概念进行测量。在当下传播学研究中，量表的运用较为广泛。例如，当我们需要测量对于某条新闻信息的态度、在新媒体平台获得的满足感、对某项新技术的认知时，通常都需要用量表来进行测量。接下来，我们将对几种著名的量表形式进行逐一介绍。

（一）李克特量表（Likert scale）

李克特量表是传播学研究最常用的量表之一，它由美国社会心理学家李克特（Rensis Likert）于1932年在原有总加量表（summative scale）的基础上改进而成。它是一种主要用于测量观念、态度或意见的定距量表，由一组陈述或说法（statement）组成，每一陈述有“非常不同意”“不同意”“不确定”“同意”“非常同意”五种选项，通过5点记分（1、2、3、4、5）的方式测量人们对这组陈述或说法的同意程度。下面是李克特量表的示例（见表3-3、表3-4）。

表3-3　李克特量表的示例一（对在线学习的态度）

对于在线学习的以下陈述，您持什么态度？	非常不同意	不同意	不确定	同意	非常同意
1. 在线学习的体验比预期的更好。	○	○	○	○	○
2. 在线学习提供的知识比线下学习的更丰富。	○	○	○	○	○
3. 在线学习与我所期望的一样好。	○	○	○	○	○
4. 总的来说，在线学习符合我的大多数需求。	○	○	○	○	○

表3-4　李克特量表的示例二（对转基因食品的认知）

对于转基因食品的以下说法，您持什么态度？	非常不同意	不同意	不确定	同意	非常同意
1. 转基因食品比传统的食品更有营养。	○	○	○	○	○

续表

对于转基因食品的以下说法，您持什么态度？	非常不同意	不同意	不确定	同意	非常同意
2. 转基因食品比传统食品更加安全。	○	○	○	○	○
3. 转基因食物是不健康的。	○	○	○	○	○
4. 转基因食品将会提供消费者更多的食物选择。	○	○	○	○	○
5. 在食物生产的过程中运用基因技术能帮助第三世界国家食物短缺的问题。	○	○	○	○	○
6. 转基因食物会导致癌症。	○	○	○	○	○
7. 在食物生产的过程中运用基因技术是危险的。	○	○	○	○	○

在构造李克特量表的过程中，研究者首先要根据研究目的，收集和编写大量围绕研究问题的陈述或说法。这些陈述和说法要尽可能覆盖研究问题相关的所有方面和维度。其次，在编制李克特量表的过程中，研究者要注意在正向陈述中穿插一些反向陈述，方便后期检测数据的质量。但是，在数据分析的过程中，研究者切记要先对反向陈述的赋值进行逆向处理，即，将反向陈述的“1分、2分、3分、4分、5分”分别转化成“5分、4分、3分、2分、1分”。最后，在李克特量表初步编制完成后，研究者应进行小规模的试测，以便找出量表设计中存在的问题和缺陷。

简而言之，李克特量表的设计较为简单和模式化，测量的信度也较高，因此在传播学研究中应用较为广泛。但是李克特量表也存在一个核心的缺陷，那就是它可以大致区分出个体间不同的赞成程度，但是无法进一步描述相同得分者内部的态度状况。

（二）语义差别量表（semantic differential scale）

在传播学研究中，第二种常用的量表类型为语义差别量表。语义差别量表是美国心理学家奥斯古德（Charles Osgood）等人于20世纪50年代首先提出的，它是用一组意义相反的陈述或形容词构成一份评价定距量表，从而来测量人们对某一特定概念或事物的不同理解和感受。语义差别量表可以告诉我们一个人怎么看待不同的概念，也能比较不同的人怎么看待同一个概念。语义差别量表的编制和使用都相对比较简单，能够清楚有效地描绘和比较两个不同的事物或概念，因而应用比较广泛。比如，在新闻传播领域的研究中，可以运用语义差别量表来测量受众对媒体或媒体节目的看法。

在编制语义差别量表时，研究者首先要根据研究对象的特点找出评价它时会用到的重要属性。如评价一档电视节目，其重要属性可能包括制作精良、易懂性和趣味性等。选择这些属性时应尽量确保与测量概念相关，且不遗漏重要属性。然后，确定若干与这些属性描述语义相反的形容词，例如制作精良—制作粗糙、易懂—晦涩、客观—主观、低俗—高雅、优秀—糟糕、活泼—严肃、有趣—乏味等。也可以采用简单的肯定否定式的形容词，例如公正—不公正、有时效性的—无时效性的、可信任的—不可信任的、诚实—不诚实、值得鼓励—不值得鼓励等。将正面的形容词（如“有趣”）至负面的形容词（如“乏味”）之间赋予7、6、5、4、3、2、1的分值。如果想要突出表示态度中立的中间点，也可以赋予+3、+2、+1、0、-1、-2、-3这样形式的分值。最后，要求受访者按照自己的第一印象，在每一项标尺上勾选相应的答案，将每一项分值相加就可得出总分，这就是他对某研究对象的看法。

虽然有时确定形容词的反义词不是容易的事，但由于语义差别量表的编制和使用相对比较简单，而且可以清楚、有效地描绘和比较研究对象的形象，因此，该量表经常会被应用于传播学研究中。表3-5、3-6是语义差别量表的使用示例。

表3-5 语义差别量表的示例一（对某综艺节目的态度）

请根据您对综艺节目《乘风破浪的姐姐》的印象，在以下每一个标尺上勾选出一个适当的数字：								
优秀的	1	2	3	4	5	6	7	糟糕的
活泼的	1	2	3	4	5	6	7	严肃的
精彩的	1	2	3	4	5	6	7	无聊的

表 3-6　语义差别量表的示例二(对接种 HPV 疫苗的态度)

您认为接种 HPV 疫苗是:								
危险的	1	2	3	4	5	6	7	安全的
不好的	1	2	3	4	5	6	7	好的
不值得鼓励的	1	2	3	4	5	6	7	值得鼓励的

（三）古特曼量表(Guttman scale)

第三种要介绍的量表类型为古特曼量表。古特曼量表由古特曼(Louis Guttman)于 20 世纪 40 年代发展而来,也被称为累积量表(cumulative scale)。古特曼量表是一种定距量表或定序量表,由一组强变弱或由弱变强的陈述组成。在研究的过程中,古特曼量表要求受访者按照自己的态度强弱来排列各种说法或陈述,以显示出受访者在各个陈述上态度的差别。例如表 3-7 是用古特曼量表测量的普通人对艾滋病病毒携带者的态度,如果一名受访者同意第五项说法,那么他/她应该也同意前四项说法;如果受访者同意第三种说法,那么他/她应该也同意第一项和第二项说法,但不一定同意第四项和第五项说法。由于每项得分都代表一组特定的答案,因此同意的数字就是其在古特曼量表上所得的分数。

表 3-7　古特曼量表的示例(对艾滋病病毒携带者的态度)

如果对方是一名艾滋病病毒携带者,……
1. 你愿意让他/她生活在你所在的城市。
2. 你愿意让他/她生活在你的小区。
3. 你愿意和他/她成为你的邻居。
4. 你愿意和他/她成为朋友。
5. 你愿意和他/她结婚。

在传播学研究中,古特曼量表大多会用来测量大众对于某些社会现象和阶层的态度。其优势在于可以体现每种陈述对被测量变量的贡献大小,但劣势也很明显,即对这一组陈述具有单维度的假设是有局限的,这种单维性在不

同时期、不同群体的适用性是有限的。选择某种陈述进入量表,完全依赖研究者的个人判断,没有什么共同遵循的准则,所以有时可能会遗漏某些重要的陈述。此外,每个人的认知不同,有可能会出现特例,如果被调查者选择了陈述 1,但是没有选择陈述 3,研究者无法解释其出现的原因,也不能将被调查者的选择随意剔除。由于古特曼量表编制和测试相对复杂,传播学研究中只是偶有使用。

(四)舍史东量表(Thurstone scale)

第四种著名的量表称为"舍史东量表"。舍史东量表是舍史东(Louis Thurstone)在 20 世纪 20 年代编制的一种用来测量对特定概念的态度的定距量表,有时也被称为间隔均等出现量表(Equal-appearing interval scale)。

在编制舍史东量表时,研究者首先需收集或编写至少 100 种跟所测量变量有关的评价式陈述,然后选定 25—50 位评分者,按照 11 级的定距量表给出他们对每一种陈述的同意程度。1 表示"最不同意",中间值 6 表示"中立", 11 表示"最同意",得分越高表明评分者越赞同这种陈述。在所有评分者完成评分后,研究者需计算出每种陈述的平均值和标准差,按照平均值的大小分布将这些陈述分成若干组。最后每一组中选择出一个评分差异最小的陈述,将这些筛选出来的陈述组成新的定距量表。在最终的舍史东量表里,被调查者对每种陈述只需要回答"不同意"和"同意"(见表 3-8)。选择"不同意"一般记作 0 分,"同意"的分数由研究者根据刚才各个陈述得分的平均值来确定。

表 3-8 舍史东量表的示例(对 HPV 疫苗的态度)

您同意以下说法吗?(请在同意的说法后面划勾)	同 意
1. 接种 HPV 疫苗对个人健康非常重要。	○
2. 是否接种 HPV 疫苗全由你自己决定。	○
3. 接种 HPV 疫苗既有好处,也有坏处。	○
4. 接种 HPV 疫苗是对人体有害的。	○
5. 你拒绝接种 HPV 疫苗。	○
6. HPV 疫苗是伟大的。	○

舍史东量表的优点在于方便受访者填答，但因舍史东量表编制费时费力，在传播学研究领域中较少被研究者使用。

二、指数(index)

指数是对于一个变量的综合性衡量，常通过数值来表现。上文中提到，对于相对复杂的变量，通常需要使用多个指标来对其进行测量。在这个测量的过程中，研究者会给每个指标/陈述下面的每个选项赋予一定的分值，受访者无论选择哪个选项都会得到一个固定的数值。指数就是将每个变量下所有指标对应着的固定的数值相加得到的一个累加数值，它体现的是受访者在每个变量上的综合态度、立场或程度。

例如，表 3-9 是关于大学生在线学习态度的测量。在这个测量中，每一个陈述对应着 5 个选项(从“非常不同意”到“非常同意”)。根据李克特量表的赋值方式，研究者会将“非常不同意”赋值为 1 分，“不同意”赋值为 2 分，“不确定”赋值为 3 分，“同意”赋值为 4 分，“非常同意”赋值为 5 分。受访者无论选择哪个选项都会得到一个对应的数值。如果一名受访者在第一个陈述上选择“同意”(4 分)，第二个陈述上选择“非常同意”(5 分)，第三个陈述上选择“同意”(4 分)，第四个陈述上选择“同意”(4 分)，那么这名受访者在“在线学习态度”这个变量上的指数为 17(4＋5＋4＋4＝17)。得到的指数数值越高，代表该受访者对在线学习的态度越正面。

表 3-9　李克特量表的示例一(对在线学习的态度)

对于在线学习的以下陈述，您持什么态度？	非常不同意	不同意	不确定	同意	非常同意
1. 在线学习的体验比预期的更好。	1	2	3	4	5
2. 在线学习提供的知识比线下学习的更丰富。	1	2	3	4	5
3. 在线学习与我所期望的一样好。	1	2	3	4	5
4. 总的来说，在线学习符合我的大多数需求。	1	2	3	4	5

第四节　信度和效度

当研究者把测量量表设计出来后，接下来需要做的一个重要工作就是对其质量（即信度和效度）进行客观的评价分析，以此来查看测量的结果是否符合人们的预期。如果在分析中证明量表的信度和效度优良，则表明通过其获得的数据资料是有效且可信的；如果在分析中发现量表的信度和效度较差，则表明该量表可能存在问题，无法通过其得到准确、可靠的数据资料。可见，在正式进行大规模数据收集之前，对构造出的量表进行信度和效度的检查是何其重要。本节将系统地介绍如何对量表进行信度和效度的分析。

一、信度

（一）信度的概念

在测量过程中，信度（reliability）指的是测量数据的可靠性程度，即采用同样的测量工具（如量表）对同一对象进行反复测量时，产生相同结果的程度。产生相同结果的程度越高，则说明该测量工具的信度越好。比如，我们对同一群人采用同一份问卷来测量他们对某电视节目的态度，进行了很多次测量得到的结果都差不多，那么就可以认为这份问卷具有很高的信度。相反，如果每次的测量结果都大不相同，那么我们就可以认为这份问卷的信度很低。

信度是一个多维度的概念，包含三个方面的要素，即稳定性、内在一致性、等价性。因此，要检测一个测量工具（如量表）是否具有良好的信度，就需要对信度的这三个方面分别进行评价分析。

（二）信度的检验方法

1. 稳定性分析

稳定性分析（stability）指的是让同一组研究对象在不同时间点对构建的量表进行填答，考察前后两次测量的结果是否基本一致。如果前后两次测量的结果基本一致，则表明该量表的稳定性较好。例如，我们构建了一组测量“手机成瘾”的李克特量表，那么在将其运用于正式的数据收集之前，需要对该量表的稳定性进行分析。这时，研究者可以在小部分研究对象中对该量表进行简单试测，让这部分研究对象在不同的时间点分别填答量表问卷，然后看两次填答的结果是否高度一致，两次结果的一致性越高就说明该量表的稳定性越好（见图 3-2）。

图 3-2　稳定性分析

此外，在进行稳定性分析时，研究者需要合理控制前后两次测量之间的时间间隔。如果前后两次测量间隔的时间太短，进行第二次测量时受试者可能会记住第一次的答案，导致量表的信度被夸大；如果间隔的时间太长，受试者的情况可能发生了变化导致两次测试的结果不一样，比如对学生的学习效果进行检测，第二次测试时学生可能忘掉了前面章节学习的一些内容，使测出的信度偏低。

2. 内在一致性分析

当研究者使用了多种指标来测量同一个研究对象时，就需要考虑不同的测量指标能否产生一致的测量结果。如果构造的所有指标都在测量同一个概念或现象，就说明这些测量指标具有良好的内在一致性（internal consistency）。对测量工具进行内在一致性分析，通常有两种方法，即折半法（split-half technique）和题项分析法。

折半法就是将测量变量所用到的指标（或量表里的题项）按照前后顺序或者奇偶顺序分成两个部分，然后计算这两部分的测试总分的相关系数。相关系数越大，则说明测量量表的内在一致性越高。折半法的优点在于节省时间和人力物力，但是，这种分析方法仅适用于测量用到大量指标的情况，如果测量所用到的指标（或量表里的题项）非常少的话，折半法就不是一种好的分析测量信度的方法。

题项分析法是通过对测量指标或题项的分析来检测它们是否具有内在一致性。在传播学研究中，题项分析法的应用比折半法更加频繁、更加广泛。克朗巴哈系数(Cronbach's alpha)是题项分析的一个重要指标。克朗巴哈系数的计算方法在本书中不进行详细介绍，大部分统计学软件（如 SPSS）都可以协助研究者快速计算出测量指标的克朗巴哈系数。通常来说，当克朗巴哈系数≥0.7 时，我们就认为测量具有良好的内在一致性。当克朗巴哈系数＜0.7 时，则说明测量指标之间的内在一致性欠佳。在这个时候研究者要么重新构建测量指标，要么尝试去掉那些与其他所有指标相关程度低的指标，从而提高整个测量指标的同质性。

3. 等价性分析

等价性(equivalency)分析主要涉及两种情况。第一种情况是当研究者采用两个量表去测量同一概念时，为了检验两个量表是否具有等价性，需检测两个不同的量表在测量相同概念时的相关性。检测这种等价信度的方法是让同一组受访者同时接受两个量表的测量，然后根据两个量表得分的相关性评价其等价性。两个量表越对等，信度就越高。但构造等价的量表是非常困难的，即便使用等价信度检测出两个量表信度较高，仍然很难达到一样的测量效果，因此在现实中应用较少。

第二种情况是等价信度检测时考虑比较多的情况，即考察两个或两个以上观察者判断同一现象时的一致性。例如在进行内容分析过程中，让两个或两个以上编码员根据同一编码表对相同文本内容进行编码，然后通过对比两个编码员的编码结果来评价其等价性。如果编码结果一致性比较低，就需要考虑测量工具（如编码表）的设计是否出了问题。

二、效度

（一）效度的概念

效度(validity)是我们在进行量表设计时需要考虑的另一个重要问题。所谓效度就是量表的有效程度或正确程度，即量表是否能准确测出其所想要测量的特质。效度越高,则说明设计的量表反映真正"真实"的准确性就越好。测量工具的效度低,就说明通过该测量工具测的结果和研究者想要得到的"东西"相去甚远。保证测量工具的效度是进行任何科学研究的基础工作。

和信度一样,效度也是一个多维度的概念,主要涉及三个方面的内容,即表面效度、准则效度和构造效度。因此,要检测一个测量工具(如量表)是否具有良好的效度,就需要对效度的这三个方面内容分别进行评价分析。

(二)效度的检验方法

1. 表面效度分析

表面效度(face validity)是一种最基本的效度判断指标。表面效度分析就是从常识的层面判断某个指标或某组指标能不能用来测量某个概念,即判断测量的指标和概念是否吻合。例如,研究者对青年人的媒介素养进行测量时,却将青年人的视力水平当作判断指标,这显然是缺乏表面效度的。在实际研究的过程中,检验一个测量工具的表面效度,实际上就是考察概念到指标的经验推演过程是否符合人们的"正常"逻辑。这里的"正常"指的是对概念的定义和理解符合大多数科研人员的共同认知。因此,为了提高量表的表面效度,一方面研究者应尽量收集和阅读与测量内容有关的资料,增加对测量概念的全面理解;另一方面,研究者也可在设计量表的过程中,多多咨询、听取其他专家的建议,从而降低主观因素的影响。

2. 准则效度分析

准则效度(criterion validity),又称效标效度,指的是用几种不同的量表对同一变量进行测量,将其中一种量表作为标准,将其他几种量表测量的结果与这个标准进行比较,如果其他几种量表测量的结果和标准量表测量的结果有密切的关联性,就说明这些量表具备准则效度。需要注意的是,在对准测效度进行分析的过程中,选择谁作为"标准"不是一件容易的事。通常来说,研究者可以选择那些已知的、有效的测量工具(或量表)作为标准,如果一种新测量工具(或量表)的结果跟"标准"测量工具的结果相同,那么就可以认为这种新测量工具具有准则效度。

3. 构造效度分析

构造效度(construct validity)又称结构效度,是一种基于已有的理论框架结构对量表效度进行评估的方式。其主要目的是考察设计的量表与理论框架中的概念在多大程度上具有相关性，即通过量表实际测量的结果是否符合研究者对该概念的理论预期。在传播学研究中，我们通常采用因子分析的方法来判断量表的结构效度。因子分析法的基本过程是从量表全部题项中提取一些公共因子，如果各公共因子分别与某一群特定题项高度关联，这些公共因子就代表了量表的基本结构。如果量表的基本结构和理论框架结构之间吻合，则说明该量表具有良好的构造效度。

简而言之，一份可靠的、有效的测量工具（或量表）是进行科学研究的重要基础。信度和效度的关系可以归纳为：如果设计的量表信度低，那么它的效度就不可能高，因为通过低信度量表收集的数据资料肯定不能有效地说明研究对象的属性和特质；如果设计的量表信度高，那么它的效度也不一定高，因为就算该量表稳定地测出了结果，也不代表它反映出了“想要”的“真实”；如果设计的量表效度低，但是信度有可能会很高，因为该量表有可能稳定地反映出了“不想要”的“真实”；如果设计的量表效度高，信度一般也很高，因为如果该量表有效地说明了某种现象，那么它的资料通常也是可靠的。因此，研究者在设计量表的过程中，一般建议首先考察量表是否具有效度，如果量表的效度很低，就算其信度高也无济于事。

第四章 抽样

科学研究的一个重要目的是对总体的性质进行描述。如果可以将所有研究对象纳入研究和调查,所得出的研究结论当然是最具说服力、解释力和普遍意义的,但是在传播研究实践的过程中,由于受时间、人力、物力、经费等现实条件的制约,对研究的总体进行调查通常是不现实的。在这样的情况下,研究人员最常见的做法便是进行“抽查”,即从总体中抽取有代表性的样本,通过样本来反映总体的一些情况。这个从总体中抽取样本的过程就是我们所说的抽样。在本章节中,我们将对抽样的基本概念和程序、抽样的方法,以及样本的规模进行简单介绍。

第一节 抽样的基础

抽样调查是一种科学、可靠的统计调查方法,可以帮助研究者花最低的成本,快速获得所需的信息。本节将对抽样的统计学原理、抽样的基本概念,以及抽样的程序进行逐一介绍。

一、抽样的统计学原理

研究者之所以进行抽样,是希望通过抽取的样本来反映总体的情况。为什么抽取的样本可以用来反映总体情况呢?这就涉及抽样背后的统计学原理了。

抽样所依据的第一个统计学原理是中心极限定理。根据中心极限定理,不论总体呈现何种分布状态,只要有足够多的观测值或足够大的样本量,样本均值的抽样分布就都将近似于正态分布。例如,我们打算测算全国人民的月平均收入，那么把全国所有人的收入都调查一遍显然是不现实的。这时，我们可以随机调查 1 000 组，每组 50 人。然后，分别求出第一组收入的平均值、第二组收入的平均值……一直到最后一组收入的平均值。根据中心极限定理，随着组数的增加，这些平均值最后会呈现出近似正态分布的形态。最后，把 1 000 组算出来的平均值加起来取平均值，这个平均值就可以看作全国人民的月平均收入。中心极限定理是抽样最重要的一个支撑原理，它奠定了用样本统计量对总体参数进行区间估计的理论基础。

抽样所依据的第二个统计学原理是大数定律。大数定律指出，无论何种现象，在进行大量观察时，其间发生的偶然现象可互相抵消为普遍的中庸现象，最后样本均值会接近于真实均值。就像抛硬币一样，当我们不断地抛上千次，甚至上万次，我们会发现，正面或者反面向上的次数都会接近一半。

大数定律和中心极限定理一起为抽样的科学性提供了理论支撑。

二、抽样的基本概念

作为一种选择调查对象的程序和方法，抽样常涉及如下几个基本概念。

（一）总体和元素

总体（population）是研究中涉及的所有元素的集合，而元素是构成总体的最基本单位。比如，当我们研究某某大学在校大学生对手机的依赖现状时，该大学在校的所有学生的集合就是我们研究的总体，而每一个在校大学生就是构成总体的元素。此外，总体又可以分为目标总体和抽样总体。目标总体（target population）是某个研究课题中需要研究的总人群。抽样总体（sampled population）是可能被抽样的总人群。理想情况下，目标群体和样本群体是相同的，但实际上，它们有时并不相同。比如，在流动人口智能手机使用调查中，目标总体是所有流动人口；但由于流动人口通常很难完全接触到，实际采样一般局限于研究者接触到的流动人口，也就是抽样总体。在这种情况下，目标群体和样本群体是不一致的。

（二）样本

样本（sample）即从总体中按一定方式抽取出的一部分元素（个体、单元）

的集合,每个抽中进入样本的单元叫做入样单元。所以,样本是总体的一部分。例如要研究我国2020届广播电视学专业毕业生的就业状况,总体是全国所有高校的2020届广播电视学专业毕业生,由于数量庞大,我们便按照一定方式抽出了2 000名2020届广播电视学专业毕业生进行调查,这2 000名毕业生就构成了该总体的一个样本。

(三)抽样单位

抽样单位(sampling units),或称为抽样单元,指在抽样时所使用的基本单位。理论上可以将总体划分为互不重叠且穷尽的有限部分,每个部分就是一个抽样单位。在某些情况下,抽样单位与构成总体的元素是相同的。但是,在某些情况下也可能不同。例如,我们要研究我国年轻白领的社交媒体使用情况,如果我们在总体中直接抽出1 000名年轻白领作为样本,那么每一位年轻白领就既是抽样单位又是构成总体的元素;但是,如果我们先在总体中抽出50家公司,以这50家公司的白领人员作为研究的样本,那么在这个时候抽样单位(公司)和构成总体的元素(每一个白领)就不是一样的了。

(四)抽样框

抽样框(sampling frame),指一次直接抽样时,总体中所有抽样单元的名单。例如,我们要研究一所高校女大学生对于HPV疫苗的接种态度,计划抽取该校500名女大学生作为样本,那么,这所高校全体女大学生的名单就是这次抽样的抽样框。在抽样框中,每个抽样单元都应该有编号以及对应的位置或顺序。一个理想的抽样框应该是完备的,即抽样框中抽样单元既没有重复,也没有遗漏。

(五)总体参数

总体参数(population parameters),也称为总体指标或调查的目标量,指的是通过样本数据估计或描述总体特征的某些未知常数,通常根据研究目的和内容来确定。一般而言,传播学研究主要关注的总体参数值有以下三种。

(1) 总体均值(population mean),即总体中某个参数的平均值。例如,某城市居民日收看电视的平均时间，我国居民的平均年收入，电视台广告中日平均播出的化妆品广告的条数。

(2) 总体比例(population proportion)，指总体中具有某种特征的元素所占的比例。例如，某城市居民中每天收听广播节目忠实观众的比例，我国居民年收入超过万元的居民人数的比例，某电视台播出化妆品广告的条数占该台所有播出广告量的比例。

(3) 总体总量(population total)，指总体具有某种特征的单元的全部个数。例如，某城市使用互联网居民的总数，收看某卫视黄金时段广告节目的观众的总人数和总人次。

(六) 样本统计值

样本统计值(statistic)是关于调查样本的某一特征进行描述的数量表现。比如，从全国中抽取的某市居民每天收看电视的平均时间就是从抽取样本中计算出来的统计值。抽样调查的重要内容之一就是通过样本的统计值来估计总体参数，从而达到通过样本认识总体的目的。

(七) 置信水平与置信区间

置信水平(confidence level)又称置信度，是指总体参数值落在样本统计值某一区间的概率，反映抽样的可靠性。置信区间(confidence interval)则是在某一置信水平下，总体参数值和样本统计值之间的误差范围，反映抽样的精确性。置信区间越大，误差范围越大，精确性就越低；反之亦然。

三、抽样的基本程序

接下来，我们将对抽样的基本程序进行简要介绍。一套完整的抽样过程大致包括以下步骤。

(一) 界定研究总体，明确抽样单元

实施抽样的第一个步骤就是要对研究总体的范围和抽样单元进行明确的界定。具体地说，研究者需要对研究总体的内涵和外延、基本构成单位及其数量进行明确的限定。例如，要进行青少年手机游戏沉迷的研究，其研究总体可

以界定为“13—18岁在读的初中生和高中生”，因为青少年一般是指处于青春期年龄段的人，通常包括在读的初中生和高中生。在界定了研究总体范围的基础上，便可以明确抽样单元。例如，前面这个青少年手机游戏沉迷的研究，每一个在读的中小学生就是抽样单元。又如，要对过去20年《人民日报》头版头条的新闻报道进行内容分析，那么研究总体可以界定为“2000年1月1日至2020年12月31日期间，《人民日报》头版头条刊发的所有新闻报道”，其抽样单元就是这一期间的每一篇新闻报道。

（二）编制抽样框

在确定了研究总体和抽样单位之后，就需要建构抽样框，即收集总体中全部抽样单位的名单，并对名单进行统一编号，保证每一个编号都对应一个抽样单位。对于不同类型的总体，抽样框编制的方式也有所不同。例如，当研究总体是学校学生、企事业单位员工时，可以利用现成的花名册来编制抽样框；当研究总体是生活在某一个城市、某一个省份或某一个地理区域的人群时，可以借助人口普查的相关资料来编制抽样框。当研究总体没有现成的名单或者资料来协助建构抽样框时，研究人员可能就需要花费大量的人力、物力以及时间来收集总体中全部抽样单位的名单。一个完整的、准确的抽样框是进行概率抽样的最基本要求。获得一项研究的抽样框在理论上往往是比较容易的，但是要在研究实践中真正获得完整的抽样框却常常比较困难，研究者应做好相应的心理准备。

（三）选择抽取样本的具体方法

接下来，研究者需要根据研究的目的、总体的情况、研究精度的要求以及经费支持等方面的情况，选择适当、可行的样本抽取方法。根据样本抽取方式的不同，抽样的方法可以分成两大类：概率抽样和非概率抽样。概率抽样包括简单随机抽样、系统抽样、分层抽样、整群抽样和多级抽样；非概率抽样包括方便抽样、配额抽样、目的抽样、滚雪球抽样。每一种抽样方式都有各自的优势和劣势，研究者可以根据适用性、科学性和可操作性等原则进行最优的选择。例如，在经费固定的前提下，选择抽样误差最小的抽样方法；在确保研究所要求的精度条件下，选择花费调查经费最少的抽样方法。在本章的第二节中，我们将对每一种抽样的方式进行详细的介绍。

（四）确定样本量的大小

样本量的大小也是抽样过程中需要关注的一个重要内容。在确定抽样的方法后，研究者需要提前确定目标样本量的大小，即明确研究的样本中包含个体的数目。通常来说，影响样本量大小的因素是复杂的，包括研究的目的、精确度的要求、时间、精力、经费等限制因素。在本章的后面内容中，我们会对如何确定样本量的大小进行详细讲解。

（五）实际抽取样本

在确定了抽样的方法和样本量的大小后，研究者就可以按照计划开始实际抽取样本。实际抽取样本有两种方式：一是先抽好样本，再到达实地进行调查；二是边抽取样本边开始调查。需要注意的是，在实际抽样的过程中常常会遇到一些突发的情况，例如抽取的研究对象拒绝采访，家中无人或无法联系到研究对象等。在遇到这些情况时，研究者需要灵活应对，提前准备好处理的方案。例如，研究者可以在抽样的过程中多抽取几名研究对象作为替补，如果遇到了以上这些情况，可以及时调换样本。

（六）评估样本质量

抽样过程的最后一个步骤就是要对抽取出的样本质量进行客观评估，即对样本的代表性、偏差等因素进行初步的检验和衡量。通过对样本质量的检查评估，研究者可以知道是否能够通过该样本的情况推断总体，从而防止由于样本的偏差过大而导致的推断失误。衡量样本质量主要有两个标准：准确性和精确性。准确性衡量的是样本是否具有偏差（或称系统误差）。有两种情况可能会导致样本偏差的出现：第一，抽样程序有缺陷，例如抽样框不完整或已过时，抽样过程夹杂了主观判断等因素；第二，抽取的样本无应答，例如调查对象拒绝参与调查、无法联系到调查对象等。以上这些情况的出现都会大大影响样本的准确性。精确性衡量的是抽样误差的大小，也就是样本的统计值和总体参数值之间偏差的大小。抽样误差是一种随机误差，研究者可以进行量化估计。理论上来说，只要严格遵循随机原则和抽样程序，并尽力提高回答率和问卷回收率,样本的质量是可以得到保证的(见图 4-1)。

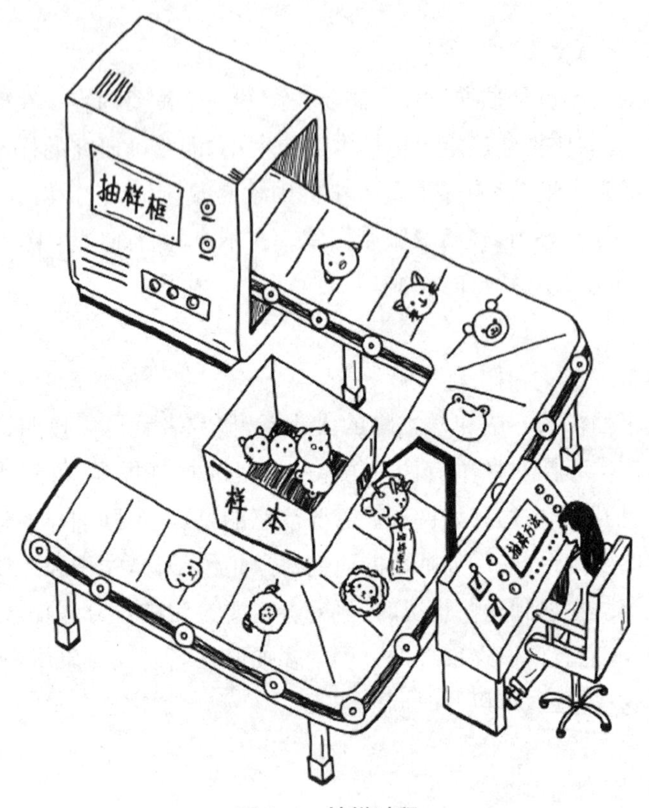

图 4-1　抽样过程

第二节　抽样的类型

根据样本抽取方式的不同,抽样可以分成两大类：概率抽样和非概率抽样。接下来,我们将对这两种抽样类型进行逐一介绍。

一、概率抽样

我们进行科学研究最希望看到的就是研究结果可以推广到总体。要达到这个目的,就需要让抽出的样本具有充分代表性。那么,如何让样本具有代表性呢？这就涉及抽样技术的选择了。概率抽样就是保证样本代表性的一个重要方法。概率抽样指的是依据概率理论来抽取样本的抽样技术。概率抽样能够避免抽样过程中人为因素所造成的误差，并且可以计算出由样本推断总体时的抽样误差大小，因而通过其选出的样本可以代表总体。概率抽样又可以分为不同的类别，包括简单随机抽样、系统抽样、分层抽样、整群抽样和多级抽样等。不同的抽样技术，其抽样过程和效果各不相同。接下来，我们将对每一种概率抽样的类别进行简单介绍。

（一）简单随机抽样

简单随机抽样(simple random sampling)是最基本的概率抽样方法，也是其他概率抽样手段的基础。在进行简单随机抽样的过程中，总体中每一个元素被抽中的概率是均等的，研究者随机从总体中抽取出若干元素组成研究样本。生活中常见的抛硬币、抽签等方法都是简单随机抽样。需要注意的是，进行简单随机抽样的前提是需要获得完整的抽样框，即抽样框里的元素应该包括了总体的所有元素，既没有遗漏，也没有重复。

在实际的操作中，当总体规模很小的时候(如总体数量小于50)，研究者可以通过抽签的方法进行简单随机抽样。例如，研究者首先需要给抽样框里的每个元素依次编号，写在小纸条上，然后把所有纸条折起来放入一个容器中并混合均匀，最后研究者从容器中随机进行抽取，直至样本规模符合要求。

但是，当总体规模很大的时候，抽签法就会显得有些费时费力。此时，研究者可以利用随机数表(也称为乱数表)来进行简单随机抽样。表4-1就是一张随机数表的部分截图。例如，要研究黄金时段的电视节目如何刻画老年人，研究者就要从所有100个黄金时段电视节目中随机抽取10个进行分析。此时可以这么做：随机地把这100个节目排成一列，按顺序给每个节目分别指派从00—99的数字。然后，从一张诸如表4-1这样的随机数表中任意一行和任意一列的某一个两位数开始，按照从上到下或者从左到右的顺序，对随机数表中依次出现的每两位数进行取舍，直到选够10个数值为止。如果研究者从42这个数为起点从上向下进行抽取，最终样本就包含以下数字对应的电视节目：42、38、09、64、94、07、93、39、87、38(与之前数值重复，故再往后选一个数值)、41。

表 4-1　随机数表(部分截图)

38	71	81	39	18	24	33	94	56	48	80	95	52	63	01	93	62
27	29	03	62	76	85	37	00	44	11	07	61	17	26	87	63	79
34	24	23	64	18	79	80	33	98	94	56	23	17	05	96	52	94
32	44	31	87	37	41	18	38	01	71	19	42	52	78	80	21	07
41	88	20	11	60	81	02	15	09	49	96	38	27	07	74	20	12
95	65	36	89	80	51	03	64	87	19	06	09	53	69	37	06	85
77	66	74	33	70	97	79	01	19	44	06	64	39	70	63	46	86
54	55	22	17	35	56	66	38	15	50	77	94	08	46	57	70	61
33	95	06	68	60	97	09	45	44	60	60	07	49	98	78	61	88
83	48	36	10	11	70	07	00	66	50	51	93	19	88	45	33	23
34	35	86	77	88	40	03	63	36	35	73	39	35	06	51	48	84
58	35	66	95	48	56	17	04	41	99	79	87	85	01	73	33	65
98	48	03	63	53	58	03	87	97	57	16	38	46	55	96	66	80
83	12	51	88	33	98	68	72	79	69	88	41	71	55	85	50	31
56	66	06	69	40	70	43	49	35	46	98	61	17	63	14	55	74
68	07	59	51	48	87	64	79	19	76	46	68	50	55	01	10	61
20	11	75	63	05	16	96	95	66	00	18	86	66	67	54	68	06
26	56	75	77	75	69	93	54	47	39	67	49	56	96	94	53	68
26	45	74	77	74	55	92	43	37	80	76	31	03	48	40	25	11
73	39	44	06	59	48	48	99	72	90	88	96	49	09	57	45	07
34	36	64	17	21	39	09	97	33	34	40	99	36	12	12	53	77
26	32	06	40	37	02	11	83	79	28	38	49	32	84	94	47	32
04	52	85	62	24	76	53	83	52	05	14	14	49	19	94	62	51
33	93	35	91	24	92	47	57	23	06	33	56	07	94	98	39	27
16	29	97	86	31	45	96	33	83	77	28	14	40	43	59	04	79

简单随机抽样作为其他概率抽样方法的基础,其优点在于直观、易于理解,且抽样误差易于计算。但是,简单随机抽样也具有较大局限性。例如,当总体所含的个体数目庞大时,采用简单随机抽样的方法通常会比较费时费力;在实际操作的过程中,获得完整的抽样框通常会比较困难;当总体中个体差异

性较大但总体数目较小时，通过简单随机抽样得到的结果误差较大。由于以上局限性，在传播学实证研究中，简单随机抽样其实并不常用。

（二）系统抽样

相对于简单随机抽样，在传播学研究中运用得更多的是系统抽样的方式。系统抽样（systematic sampling）指的是研究者把总体里的每个元素按顺序依次编号，再根据样本规模确定抽样间隔，然后随机确定以某个元素为起点，每隔若干个元素（抽样间隔）抽取一个元素，直至抽取元素符合样本规模的要求。由于被选中的元素在抽样框里的距离是相等的，因此系统抽样又称为等距抽样。比如，从 1 000 名女大学生中抽取 10 个人组成研究样本，抽样间隔为：1 000/10＝100，研究者首先随意地确定一个起点（如 16），然后每隔 100 个人抽取一个，最后的研究样本里包括编号为 16、116、216、316、416、516、616、716、816、916 的 10 个人。此外，在对媒介内容进行内容分析时，系统抽样是一种常用的抽取样本的方式。例如，要对《人民日报》过去一年头版头条的新闻报道进行内容分析，这时可以以过去一年的某一天为起点，每隔若干天（如 10 天）抽取一份报纸作为样本，直至获得足够的研究样本。有研究证明，比起通过简单随机抽样获得的研究样本，通过系统抽样得到的样本平均值更加接近总体的平均值。

系统抽样的优点在于简单易行，且在实施过程中只要有一个抽样单元的顺序即可，不需要严格的抽样框。但是，在系统抽样里，由于抽样间隔的存在，如果一个元素被选中，那么它的邻居就失去了被选中的机会，所以每个元素被选中的机会是不均等的，这是系统抽样的一个缺陷。此外，当抽样框里的元素排列呈现某种周期性时，系统抽样的间隔需要避开排列周期的倍数。如上文中对《人民日报》过去一年头版头条的新闻报道进行内容分析的例子，如果采用系统抽样的方法且抽样间隔设为 7 天，那么最后抽取到的样本都是每个星期中固定一天的报纸（如都是星期天的报纸）。由于报纸每周的内容存在着一定的规律性或周期性（如周末报纸休闲娱乐的新闻偏多），这样抽出的样本代表性就会大大降低。

（三）分层抽样

分层抽样（stratified sampling）又叫分类抽样或类型抽样，具体过程是：研究者先根据总体的某些特征将总体分成若干互不重叠的子总体，每一个子总体称为一层，然后在每层中随机抽取一个子样本，将各层的子样本合在一起就是总体的样本。分层抽样多适用于总体内个体数目较多、结构较复杂、内部差异性较大的情况。例如，想要研究我国年轻白领的手机依赖程度，由于不同职业的白领对手机的依赖程度会有差异，如果进行简单随机抽样，每个职业的白领入样的概率就会有所不同，从而影响样本的代表性。在这个时候，分层抽样就是更佳的选择。研究者首先可以根据不同的职业类型将年轻白领分成不同的子总体，然后按比例在每一个子总体中进行随机抽样，将各层中抽取的样本合起来就是最终的研究样本。

由于分层抽样将内部差异很大的总体分成一些内部比较相似的子总体，在样本数相同的情况下，分层抽样会比简单随机抽样的精确度高。但是其缺点在于抽样的过程要比简单随机抽样烦琐。

（四）整群抽样

整群抽样(cluster sampling)又称为聚类抽样，指的是研究者先将总体划分为若干个特征比较相近的子群体，然后以每一个子群体为(初级)抽样单元进行抽样，将抽中的子群体中的所有个体合起来作为总体样本的抽样方法。例如，我们要研究某中学学生手机游戏使用情况，该学校共有 100 个班级，每班都是 30 名学生，总共有 3 000 名学生。现要抽 300 名学生作为样本，如果采用整群抽样的方法就是从全校 100 个班级中，采取简单随机抽样的方法(或是系统抽样、分层抽样的方法)抽取 10 个班级，然后由这 10 个班级的全部学生(300 名)构成最终的研究样本。

整群抽样的最大优点在于其可以通过转换抽样单位扩大抽样的应用范围。对于前文介绍的几种抽样方式，都需要在获得一份包含总体所有个体信息的完整抽样框的基础上才可进行抽样。但是，在我们的实际操作中，获得总体中所有个体的可靠名单往往是困难的。整群抽样可以将抽样单位从个体元素转化成为群体，大大扩大了应用的范围。通过这样的转换，整群抽样也可以为研究者节约很多的人力、物力和时间成本。不过，整群抽样的局限性也比较明显。例如，整群抽样的精确度相对比较低，在样本量相同的情况下整群抽样的误差一般会大于简单随机抽样的误差，因此样本代表性会比较差。

（五）多级抽样

在上述的整群抽样中，当子群体中内部元素较多，且元素之间同质性较高时，还可以采用更加经济的抽样方法，那就是多级抽样。多级抽样（multi-stage sampling）又称多阶段抽样，是从总体中先抽取若干较大的子总体（或称初级单元或一级单元），然后从所抽取的一级单元中再抽取若干较小的二级单元，依此类推，还可以继续抽取三级单元、四级单元等等。在实际研究的过程中，多级抽样常常结合分层抽样或整群抽样进行。例如，调查某县居民疫苗信息接收情况，在进行抽样时可以分为三段进行。首先以乡为抽样框，抽取一部分乡；然后在抽中的乡里面，以村为单位进行抽样，即抽出若干个村；最后，在抽取的村里面抽取一定的居民。整个过程中各阶段的抽样，则可以采取简单随机抽样或者分层抽样。

和整群抽样类似，多级抽样的优点在于其可以将抽样单位从个体元素转化成为一级一级的群体，大大降低了编制抽样框的难度，也降低了调查所需人力、财力、物力成本。此外，由于多级抽样在各阶段抽样时可根据具体情况灵活选用不同的抽样方法，因此它能够综合各种抽样方法的优点，提高样本质量。而多级抽样的缺陷在于，由于每阶段抽样都会产生误差，经多级抽样得到的样本误差也相应增加。

二、非概率抽样

如前文所述，概率性抽样最大的优点就是可以根据样本来推断总体的情况，这是我们进行抽样调查最理想的抽样方式。但是，在研究实践的过程中，由于经费、人力、物力的限制以及抽样框缺失等，采取概率抽样的方式往往会遇到困难。在这个时候，研究者还会采用另一类的抽样方式，叫做非概率抽样。非概率抽样指的是根据研究者的主观经验或者其他条件来抽取样本的方式。非概率抽样并非按照概率均等的原则来进行抽样，因此，其样本的代表性相对较弱，误差往往会比较大。一般来说，如果研究的目的是通过样本推断总体特征时，则很少用非概率抽样。但是，当研究的目的仅是对问题进行初步探索，如了解某个事物的现状、受众的看法等较为表层的内容，研究者就可以采用非概率抽样的方法。非概率抽样又可以分为不同的类别，包括方便抽样、目的抽样、配额抽样、滚雪球抽样等。接下来，本书将对每一种非概率抽样的类别进行简单介绍。

（一）方便抽样

方便抽样（convenience sampling），又称偶遇抽样（accidental or haphazard sampling），指研究者抽取自己手头方便遇到的个体为样本，直至样本规模符合需要。这些被选中的个体要么是离研究者最近、最容易找到的；要么是恰好出现在研究现场，研究者接触他们的成本最低。最常见的方便抽样形式就是电视节目里的街头访问。例如，想要调查公众对某个电视节目的看法，研究者可以到街头拦住过往的行人进行调查。此外，利用报纸、杂志、网站刊登问卷对读者或用户进行调查，对课堂上的学生或公司的员工进行调查也都是一些方便抽样的形式。

方便抽样的优点在于省时、省力、省钱，但是缺点也十分明显，即获得的样本代表性较差，结果不能推广到总体。总而言之，方便抽样可以用于大多数探索性的研究。

（二）目的抽样

目的抽样（purposive sampling），也称判断抽样（judgmental sampling），指的是研究者根据特定目的和主观判断来确定研究样本。研究者做出主观判断时也要考虑是否容易获得研究样本，因此目的抽样也可以看成是方便抽样的一种特例。但是，跟上述所说的方便抽样不同，在目的抽样里，研究者的主观判断更多地会考虑自己的研究目的而选取样本。例如，要研究手机游戏"王者荣耀"对小学生学习成绩的影响，研究者可以选择那些经常玩"王者荣耀"游戏的在读小学生作为研究样本。在传播学研究实践中，当研究对象是那些难以接触到的个体，或者涉及的范围较窄时，目的抽样是比较合适的获得样本的方式。例如，要研究男同性恋群体社交媒体的使用动机与行为，由于很难获得完整的抽样框来进行概率抽样，研究者可以有目的地到一些同性恋酒吧去寻找研究对象。

除了具有方便抽样的优势之外，目的抽样还常常有助于发现问题和提出有价值的假设。但是，由于目的抽样需要依赖研究者的经验和判断能力，因此无法估计随机误差，其结果不能推断总体。

（三）配额抽样

配额抽样（quota sampling），也称定额抽样，指的是研究者首先按某些可能影响研究变量的因素对总体进行分类，然后确定每个类别在总体里所占的比例，再通过方便抽样或目的抽样的手段，在每个类别里抽出一定比例的样本，使得最终抽出样本的构成尽量接近于总体。例如，我们要研究某校大学生对于转基因食品的态度和看法，该校有学生 5 000 名，其中文科学生占 60%，理工科学生占 40%。如果我们的目标样本为 1 000 人，且计划采用配额抽样的方法，那么可以通过非随机抽样的方式分别在文科学生中抽出 600 人，在理工科学生中抽出 400 人。配额抽样和概率抽样中的分层抽样方式有些相似，都是先按照某种特征或属性将总体中的元素分成若干个子群体。但不同之处在于，分层抽样是在各个子群体中进行随机抽样，而配额抽样是在各个子群体中进行非随机抽样。

配额抽样以代表总体为目的，要求研究者必须对总体的性质有充分的了解，如不同年龄、性别、受教育程度的人在总体中各占多少比例等，然后按比例分配应抽取的配额。配额抽样有两个假定的基本条件：（1）只要类型划分较细，那么同一类型中的每个个体都是同质的，因此无须采用随机抽样；（2）只要类型划分合理，并且分配给各类的配额符合总体中各种类型的分布，那么样本就可以准确反映总体。这两个假定在理论上是成立的，但在实际应用过程中往往较难做到。一方面，在划分类型中不可能同时兼顾总体众多的属性，一般只能考虑其中的几种；另一方面，有关总体分布变化的最新信息并不容易获得，因而配额的合理性就难以保证，每一份配额内样本的选取仍然存在偏差的来源。因此，配额抽样的结果依然不能推断总体。但是，相对于之前两种非概率性抽样的方法，配额抽样在样本的代表性方面相对要强一些，实际应用也更加广泛。

（四）滚雪球抽样

滚雪球抽样（snowball sampling），指的是研究者首先选择一些研究对象，然后请这些被选者提供另外一些符合条件的研究对象，反复继续这一过程，就像滚雪球一样，研究对象越来越多，当样本规模符合研究者的需要或者当研究对象无法提供新的研究对象时，就可以中止抽样过程。例如，当我们要研究大学生的手机成瘾诱发因素时，若采用滚雪球抽样的方法，研究者可以先通过自己的“关系网络”将问卷发放给认识的大学生，然后再请这些大学生邀请他们的同学或者其他符合条件的目标受访者参与问卷的填答，这样一轮一轮地下去直至获得足够的样本量（见图 4-2）。

图 4-2　滚雪球抽样

采取滚雪球的方式获得的最终样本，不可避免地会带有同质性的问题，导致样本的可推广性较弱。但是，在研究实践的过程中，这种同质性的缺陷也可以帮助研究者获得足够的受访者。特别是当研究对象是某些特定人群且总体规模不大时，滚雪球抽样能够高效率地找到所需要的样本规模。例如，研究艾滋病病毒携带者社交媒体使用时，由于艾滋病病毒携带者相互之间会有一些联系或彼此熟悉，那么研究者可以采取滚雪球抽样的方式进行问卷的收集，在发放给某些认识的艾滋病病毒携带者后，可以请他们介绍其他的受访者参与调查。

第三节　样本规模与抽样误差

一、样本规模

确定样本规模是抽样过程中最复杂的问题之一。样本规模指的是样本中所含的个案的数量。在传播学量化研究中，样本规模一般不能少于 100 个个案。通常来说，我们把样本规模在 100—300 个个案的研究称为小型调查；把样本规模在 300—1 000 个个案的研究称为中型调查；把样本规模在 1 000—3 000 个个案的研究称为大型调查。样本规模的大小与很多因素有关，例如，研究类型、研究目的、精确度、研究时间以及研究资金。接下来本书将从四个方面讨论影响样本量大小的一些因素。

（一）研究的目的和总体的情况

在确定样本量之前，研究者首先要明确抽样调查的目的是什么。如果研究的目的是检验假设或者变量之间的关系，那么小样本一般也能接受。如果研究的目的在于推断总体或描述传播现象，一般都需要大规模的样本。其次，研究者还需要考察总体的情况和总体中个体差异的大小。如果总体量庞大，或者总体中个体差异较大，一般需要大规模的样本。如果总体量较小，或者总体中个体差异较小，那么需要的样本规模也可稍小。最后，当研究中涉及的变量和因素越多，所需要的样本量也就越大。

（二）研究的精度要求

无论选择哪种抽样方式，抽样的误差都会存在。如果一个研究对误差的容忍度低，对精确度的要求高，相对的样本规模就要求大一些。如果对误差的容忍度高、对精确度的要求低,样本的规模就可相对小一些。

在传播学研究中,我们常用置信度来反映一个研究推论的可行度和把握度。通常来说,置信度越高,研究推论的可行度和把握度就越高,相应需要的研究样本规模也就越大。也就是说,在同等条件下99%置信度的研究需要的样本量通常比95%置信度之下需要的样本规模大得多。在大多数的传播学研究中,通常设置的置信度为95%,也就是说我们在报告的时候可以认为研究结果出现的可能性为95%。

(三)发生率和完成率的考虑

所谓发生率,是指调查所需要的"合格"人员所占的比例。发生率决定了对给定样本量时所需的接触次数。发生率越低,所需要的接触次数就越多。所谓完成率,指"合格"的调查对象中愿意接受访问并能完成全部访问的比例。也就是说,个别"合格"的调查对象可能拒绝接受访问。例如,在一项网络传播效果的研究中,使用电话访问的方式调查经常利用网络了解新闻和信息的网民,如果某市50—65岁的居民中网民所占比例为10%,假定完成率为50%。如果需要完成n=250个网民的调查,那么,实际需要电话访问/随机接触的人数大概是:250×10×2=5 000人。

(四)时间、精力、经费等各方面客观限制

确定样本量时,还应考虑到时间、人力、物力、经费等资源。通常来说,随着样本量的增加,持续的时间和需要的开支也会相应增加。在许多研究项目中,时间和经费都是预先确定的。所以,在确定样本规模的时候,需要事先考虑这些客观因素的限制。除此之外,还要考虑是否有足够的和能胜任的人员参与到数据收集的过程中,如督导员、访问员以及处理数据的人员等。

二、抽样误差

抽样误差就是测量样本得到的统计结果与总体参数之间存在的偏差程度。无论选取哪种抽样方式,研究都不可避免地会存在抽样的误差。评估抽样误差对研究人员来说十分重要,因为通过评估抽样误差可以知道研究结果与真实情况的差距。

抽样误差通常包括随机抽样误差和非抽样误差两部分。随机抽样误差可以定义为总体的真正平均值与原始样本的真正平均值之间的变差。随机抽样误差是由于所选择的特定样本不能完美地代表总体而造成的,是偶然且不可避免的。在研究实践中,随机抽样误差是可以根据统计理论估计出来,并加以控制的。非抽样误差指的是在调查设计、抽样实施、数据收集和数据分析过程中,由于人为的差错所造成的误差,也叫做偏差。问题的定义、处理问题的途径、量表问卷中问题的设计、访问的方法、实施的质量控制以及数据处理和分析等环节的处理失当,都会造成非抽样误差。需要注意的是,抽样误差主要取决于样本规模,当样本规模增加时,数据分析的波动程度就会降低,随之抽样误差也会降低。

总的来说,抽样过程中要求研究者具有较为精细且严谨的学科素养,以此获得质量较好的样本,保证研究的有效性。因此,研究者在抽样过程中除了掌握好关于抽样的整体方法外,在细节上也需多加注意,尽可能地确定合适的样本量、减小误差,以确保获得最佳样本。

第五章　问卷调查法

从本章开始，本书将会系统地介绍几种常用的资料收集方法。资料收集指的是研究者通过对现象的观察和度量来获取相关信息资料的过程。在这一过程中，研究者可以使用多种方法，如问卷调查法、实验法、内容分析法等。本章将聚焦第一种最常用的资料收集方法——问卷调查法。问卷调查法是一种通过调查问卷来收集标准化量化资料的方式。接下来，本章将从问卷调查的类型与过程以及调查问卷设计等几个方面对问卷调查进行系统的介绍。

第一节　问卷调查法的类型

根据问卷收集方式的不同，问卷调查法大致可以分为两种基本类型：访问式调查和自填式调查。

一、访问式调查

访问式调查是由调查员根据事先设计好的问卷进行面对面提问，被调查对象逐一回答调查员提出的问题，并由调查员来填写问卷的调查方式。访问式调查中，调查员与调查对象直接接触，能够更好地控制调查过程和节奏，确保不会遗漏问题，并且在进行调查的过程中可以对调查对象提出的一些问题及时解答，避免调查对象误答。因此，访问式调查得到的数据质量相对会比较好，具有较高的可信度。但是，由于访问式调查是一种面对面的访问形式，不可避免地会受到人为因素的影响。例如，当问卷中涉及敏感性内容时，调查员的态度、表情等身体语言可能会影响调查对象回答出真实的答案。此外，访问式调查也具有花费高、耗时长等缺陷。访问式调查通常包括入户访问、街头拦截访问、电话访问等几种类型，接下来我们将对每一种访问类型进行介绍。

（一）入户访问

入户访问即调查员携带设计好的调查问卷进入被调查对象家中进行面对面的直接调查。入户访问适合进行针对大规模样本或者区域性样本的调查研究。例如，调查者想要调查昆明市居民有线电视节目收看情况，就可以对昆明市安装有线电视的小区进行抽样，确定要调查的小区、单元和住户，然后对选定的住户进行入户访问。

因为入户访问调查员和调查对象之间有直接的、面对面的接触，只要调查员讲清楚来意，并准备一些小礼物表示感谢，大多数调查对象都会接受访问，所以入户访问应答率较高。但是，需要说明的是，近年来，我国大部分城市地区小区的封闭式管理越来越严格，这就意味着入户访问的实施较之前会有一定的难度，所以建议研究者在进行问卷调查之前对可行性进行合理的评估和考量。同时，入户调查的数据质量会相对较好。因为入户调查员跟调查对象进行的是面对面的交流，所以调查员可以及时对难以理解的问题进行解释说明，从而有效避免调查对象由于对问题理解不清而造成的误答。入户调查也存在一定的缺陷。一方面，调查者对于调查对象来说是陌生人，因而调查对象往往不愿就敏感问题作出真实的回答。这些敏感问题主要包括自己的家庭收入、工作情况等隐私信息，以及对于一些争议性问题的看法等。另一方面，入户访问需要大量的调查员，培训调查员的费用和时间成本很高，调查持续的时间也较长，所以说入户调查是所有问卷调查法中花费最高的类型之一。

（二）街头拦截访问

街头拦截访问是由调查员在约定地点对街头遇到的人进行面对面的问卷调查。街头拦截访问类似于电视节目的街访节目形式，只是街头拦截访问的问题多为封闭式问题，且对每个调查对象访问的问题内容、形式和顺序都是完全一样的（见图 5-1）。

和入户访问相比，街头拦截访问的优点在于，费用更低，单个访问时间更短，调查对象容易获取。但街头拦截访问的缺点是，样本并不具有代表性，且调查结束后很难进行事后回访复核。总体来讲，街头拦截访问的数据质量没

图 5-1　街头拦截访问

有入户访问那么高，适合问卷问题比较简单的研究和研究组资金有限的情况。

（三）电话访问

电话访问是调查员通过打电话的方式与调查对象联系，并在电话中对被调查对象进行访问的方法。电话访问通常有两种形式：传统电话访问和计算机辅助电话访问。传统电话访问指的是调查者按照随机数表抽取电话号码，然后拨打电话直接访问被调查对象的方式。对传统电话访问来说，电信部门编制的电话簿或移动运营商投放的号段可以当作它的抽样框。另一种更适合处理大规模样本的形式是计算机辅助电话访问。计算机辅助电话访问是依托一套计算机辅助电话访问系统（Computer Assisted Telephone Interview，简称CATI）来进行。这套系统既有计算机软件，也有专门用于电话访问的特定软件。计算机辅助电话调查是由调查者事先把问卷输入电脑，然后电脑随机抽取电话号码并直接拨号，调查员按照屏幕上显示的问卷问题询问被调查对象并将答案录入计算机上的电子问卷中的调查方式。

在电话访问的过程中，如果遇到以下两种情况，研究者可以根据惯例酌情处理。第一种情况是抽取到的电话号码是空号，或无人接听，或拒绝接受访问。遇到这样的情况，研究者可使用备选号码进行调查。选取备选号码的方法有很多，比如，在对方无应答的时候将现有电话号码的最后一位"＋1"，或根据随机数表将后两位换成随机数字再拨打，如依旧无人应答则重新随机抽取新的电话号码进行访问。另一种情况是接听电话的对象具有一定的类似性，比如大多为老人或者儿童。当我们采用传统固定电话进行访问时，这样的情况时有发生。为了保证样本的代表性和数据的科学性，防止出现以偏概全的情况，调查员在选取家庭成员时，常见的方法是将家庭成员生日作为简单的抽样标准，选择家庭里生日离调查日期或者某个特定日期最近的那个成员来回答问题。

首先，电话访问最大的优点是能够实现研究设计所要求的大样本量。在电话调查里，一旦样本量不够，调查员会重新抽样并继续调查，直到达到研究设计所要求的样本量。其次，相较于入户访问和街头拦截访问，电话访问花费的时间较短，访问的速度快、费用低，对调查对象文化水平的要求较低，后期还可以根据问卷情况进行回访。再次，如果采用的是计算机辅助电话访问，得到的数据可由电脑直接处理，提高了数据收集的效率，简便了数据录入的过程。最后，电话访问还有一个显著的优点，就是可以对调查员进行监督和管控，一定程度上能保证电话调查的质量。

电话访问的缺点首先在于收集复杂问题答案的难度较大。通常来说，电话访问的时间不宜过长(最好控制在 5 分钟之内)，时间上的限制极大地制约了研究的深度，所以电话访问的方法适用于内容比较简单的调查研究。其次，电话访问的调查对象选取也常常缺乏代表性。一方面，电话访问的对象仅限于拥有电话的用户，那些没有电话的用户无形中就被排除在外；另一方面，电话访问对象的选取常常以电话簿作为抽样框，那些电话号码还未更新到电话簿上的用户也会被忽略。再次，电话访问的拒答率相对比较高。在接听到陌生号码时，人们有一种天然的排斥心理，往往不乐意配合调查。最后，由于调查员看不到调查对象的实际情况和反应，对调查对象回答的真实性无从判断。

二、自填式调查

自填式调查是由调查对象自己填答问卷，填完后将问卷反馈给调查员的调查方式。如果选用自填式调查的方法，在问卷回收前，调查员通常无法看到调查对象的填答过程和存在的问题。因此，相比于访问式调查，自填式调查隐私性会比较好，受访者也不易受到调查员的影响。此外，由于调查的过程中减少了一对一访问的过程，自填式调查具有节省时间和人力成本的优势。但是，自填式调查也存在着相应的缺陷。例如，自填式问卷对被调查者文化水平有一定要求，这会限制调查对象的范围；又如，由于调查员没有和调查对象直接接触，无法及时解答调查对象在填答时产生的一系列问题，数据质量难以保障。自填式调查主要包括个别发送问卷、邮寄调查、集中填答和网络调查四种类型。接下来，本书将对每一种自填式调查类型进行介绍。

（一）个别发送问卷

个别发送问卷法是调查者将问卷打印好后，依据所抽取的样本，将问卷发送到调查对象手中，请他们合作填答，并约定收取的时间、地点、方式，在调查对象填写完问卷后再将问卷收回。例如，要对某大学学生的新媒体使用行为进行研究，研究者可以派遣调查员到教室给每一位学生逐一发放问卷，请他们在一周内填答完毕，并约定在一周后将填好的问卷投到各宿舍前指定的问卷回收箱内。

个别发送问卷的优点在于调查员和调查对象的接触较少，更容易获得调查对象的真实答案，适合涉及敏感内容的调查研究。例如，有关对女性 HPV 疫苗的认知态度和接种意愿研究中，会涉及一些女性身体健康问题，这种情况下就可以采用个别发送问卷的调查方式。此外，因为调查对象可以有足够的时间对问卷问题进行思考、填写，所以研究者在问卷设计中可以包含一些较为复杂的问题。个别发送问卷的缺点首先在于问卷收集持续的时间相对较长，需要等调查对象抽空填完问卷才能收回。其次，个别发送问卷的方法只适用于在那些可接触到的调查对象之间进行调查，以至于调查对象的范围受到了限制。最后，由于是调查对象自行填答，所以调查员对调查过程的控制较少，难以避免调查对象随意作答的情况。总的来说，在传播学研究中，个别发送问卷的调查方式运用较为广泛，是一种常被用作量化数据收集的方式。

（二）邮寄调查

邮寄调查就是将问卷装入信封后通过邮局寄给调查对象，调查对象填答完成后又通过邮局寄回的问卷调查方式。通常来说，邮寄调查过程中调查者和调查对象之间是完全不见面的。因此，为了提高问卷回收率，研究者在邮寄问卷时可以同时附寄贴好邮票的信封，以便调查对象顺利将问卷寄回。

邮寄调查的主要优点是省力、省钱，且不受空间距离的限制，理论上，只要可以邮寄的地区都可以接受问卷调查。此外，由于没有调查员的参与，避免了人为因素对调查结果的影响，研究结果更贴近真实。但是，邮寄调查的缺点也很明显，即样本代表性较差。导致样本代表性降低的原因主要有两个方面：一方面，在实际调查的过程中，获得所有调查对象准确的邮寄地址通常是有难度的，因此最终能够联系到的调查对象仅为部分抽取的样本；另一方面，是否参与调查以及是否将问卷寄回都取决于调查对象的意愿，因此问卷回收率很难保证。一般来说，邮寄调查的回收率达到50%就是“很好”的情况。为提高回收率，研究者可以尝试给予配合调查的对象一些礼物表示感谢，如在收到问卷后给调查对象寄送小礼物或优惠券等。

（三）集中填答

集中填答的方法就是先通过某种形式将调查对象集中起来，然后请他们当场填答问卷，填答完毕后统一收回问卷的方式。例如，当研究对象是在校学生时，就可以采用这种方式，把学生集中在教室内，然后每人发一份问卷当场填答，填答完毕后统一将问卷收回。

和上面两种自填式调查方式相比，集中填答方式在单位时间内问卷回收率会更高。但是，在将调查对象集中在一起时，集中填答的方式不可避免地会存在一个重要问题，那就是群体压力。群体压力可能会影响调查对象如实地回答问题，从而影响数据质量。此外，集中填答方式的适用范围也有一定的局限性，除了学生、单位员工等特殊群体，其他的群体很难被“集中”起来（见图5-2）。

（四）网络调查

如今，我们已经进入互联网时代。随着新媒体的兴起，有关新闻传播领域的调查研究越来越多地转移到互联网上进行。网络调查就是指运用互联网平

图 5-2 集中填答

台进行问卷调查的方式。网络调查大致有两种类型。第一种类型是门户网站或互联网公司在自己的网页和 APP 上发布调查问卷。这种方式或由后台随机自动抽取用户，弹出窗口邀请填答；或从信息中心、活动页面点击进入问卷页面进行调查。例如，新浪、搜狐、人民网、新华网等网站的页面上经常会弹出问卷进行各种类型的用户调查。目前中国互联网络信息中心主持的每年一次的“中国互联网络发展状况统计报告”就采用了互联网调查方法。总体来说，这种网络调查类型在商业研究中运用较多。第二种类型是由某些专业性的问卷调查网站提供调查平台，研究者将设计好的问卷内容上传至这些网站，然后将相应的问卷链接粘贴到网站、论坛或社交媒体中供调查对象填答。常见的问卷调查网站有问卷星、问卷网、腾讯问卷等。

网络调查的优点首先在于实施简便、费用低廉。由于无须调查员参与，节省了大量人力、物力，避免了调查员个人因素对调查结果的影响。其次，网络调查的过程更加灵活。由于不受时空限制，调查对象可以在有网络的任何地方、任何时间进行填答。最后，大部分网络调查的网站都可以帮助研究者直接将答案转化成为可以分析的数据，这样既大大节省了数据录入的时间，又避免了分析人员输入数据时可能出现的误差。网络调查的缺点首先在于研究者很难对互联网网民建立准确的抽样框。由于网络调查通常采用的是方便抽样的方式，其样本代表性往往不足。其次，网络调查对象仅限于使用网络的网民群体，调查范围具有一定局限性。最后，由于没有调查员参与，对填答问卷过程中所实施的控制很少，很有可能出现调查对象随意填答或无效填答的情况。

第二节　问卷调查的过程

问卷调查的过程主要涉及两个方面的内容，一是问卷调查的步骤，二是问卷调查过程中的误差。本节将会对这两方面内容进行简要探讨。

一、问卷调查步骤

问卷调查的过程因为涉及样本的回收，因此更需要认真严谨地对待调查的每一个步骤。问卷调查的步骤主要包括：(1) 确定研究问题和假设；(2) 设计数据收集过程；(3) 选取和培训调查员；(4) 收集数据；(5) 整理分析数据。

（一）确定研究问题和假设

研究问题是展开调查研究的前提。对于调查研究，研究者的第一步就是确定一个具体的研究问题，并围绕研究的问题提出相关假设。研究问题一般来说是一个较为宽泛的大概念，只是陈述待研究的问题范围；而假设是对研究问题的预想，是对变量之间的关系做出明确界定，提出假设就是将研究问题进一步具体化。例如，我们想要研究社交媒体的使用和幸福感之间的关系，那么我们的研究问题就是“社交媒体的使用是否能提升用户的幸福感”，而研究假设可以为“社交媒体使用频率和用户感知到的幸福感程度呈正相关”。

（二）设计数据收集的过程

在确定了研究问题和假设后，研究者就需要决定选用什么研究方法来回答这些研究问题和检验假设。如果决定采用问卷调查法来进行数据收集，还需要决定具体实施数据收集的方式（如邮寄问卷、电话调查、网络调查或入户访问），并根据所选的调查类型设计调查问卷。因为问卷是问卷调查法收集数据的直接工具,但问卷质量的好坏直接决定了调查研究的质量,所以问卷设计是问卷调查研究中极其重要的一个步骤。在本章的第四节将会详细介绍问卷设计的规范和技巧。

(三)选取和培训调查员

在开始实施数据收集之前,还有一个重要的步骤,那就是筛选和培训调查员。无论采取何种方式进行问卷调查,通常都会需要大量调查员帮助发放问卷以及完成对问卷的收集和录入,因此调查员是否专业且富有责任心对于收集到的数据质量起到了至关重要的作用。风笑天老师编写的《社会研究方法》一书将调查员的素质总结为四个方面:诚实认真、兴趣与能力、勤奋负责以及谦虚耐心。也就是说,在我们选取调查员的时候,需要以这四个方面作为标准。①

在选取了调查员之后,我们还需对其进行培训。对调查员的培训主要包括两方面:一方面是关于调查原则的培训,另一方面是对具体调查访问的技巧培训。调查员在调查过程中需要遵循的原则包括:第一,要严格保密调查对象的信息;第二,按照问题顺序和问卷措辞提问,并对调查对象的回答进行记录;第三,不误导调查对象,不对调查对象的观点表现出自己的态度;第四,要对调查对象的问题及时解答;第五,熟悉调查研究的内容和问卷的内容及填答方式;第六,熟悉挑选调查对象的手段和调查的时间安排。对访问技巧的培训主要包括如何确定合适的访问时间、如何自我介绍、如何获得调查对象的信任、如何有技巧地提问、如何应对调查现场的突发情况等。

(四)收集数据

当一切就绪,数据收集就可以正式开始。为保证质量,调查员应每天及时向研究者汇报调查进度。如果调查员在数据收集的过程中遇到困难或者一些突发情况,也应及时和研究者沟通,听从研究者的安排。作为研究者,如果不直接参与数据收集的过程,也应当对数据收集的各个方面工作进行全面、及时的把握和监督。例如,研究者应当及时对收回的问卷进行检查,并记录其中无

① 风笑天:《社会研究方法》(第五版),中国人民大学出版社 2018 年版,第 207 页。

效问卷的比例。如有必要还需抽取一部分问卷进行回访，检查调查过程是否符合规范，调查员是否认真进行了访问等。

（五）整理分析数据

在数据收集过程结束后，接下来要做的就是整理和分析数据。在这个过程中，研究者常常会借助于以SPSS为代表的各式统计软件进行数据整理和分析，用以验证提出的假设和回答研究问题。当数据分析完成后，研究者则需要将研究结果以及整个研究的过程撰写为研究报告或学术论文，最终接受同行的评议。

二、问卷调查过程中的误差

相比于其他的研究方法，问卷调查法由于具有较为严格、规范的操作过程，其研究结果具有较高的可信度。但是，在问卷调查的过程中，仍然会因为各种各样不可控的因素致使问卷调查的结果和“真实”之间存在着误差。问卷调查过程中可能存在的误差主要有以下四个方面。

（一）问卷设计不合理带来的误差

在调查研究中，问卷是最重要的数据收集工具。如果“工具”出现了问题，必然会直接导致测量结果和实际情况有较大误差。这些问题包括：问卷的编制粗糙、问题设计与研究主题偏差较大、提问语言带有引导性、问题模棱两可等。例如，研究的主题是“网络成瘾”，而问卷中测量的是网络使用，在这种情况下问卷调查的结果和“真实世界”的网络成瘾就存在较大的误差。

（二）问卷回收率过低带来的误差

问卷回收率就是回收的有效问卷占所有发出去的问卷的比例，也称问卷应答率。对于一项研究，如果通过科学的抽样方法，抽样所得的样本是可以代表总体的性质和特征的。但是在问卷调查的过程中，会有许多因素导致抽样所得的样本中部分个案缺失或失效，从而致使实际收集到的样本和所抽取的样本不符，所以问卷回收率是决定和影响调查样本代表性的重要因素。当实际收集到的样本和所抽取的样本存在很大的差异，或者说回收率过低时，样本的代表性就会大大减弱，从而导致调查结果和真实世界的情况存在较大的误差。一般来说，问卷回收率在50%以下，则认为调查结果非常不准确；如果回收率高于90%，则认为调查结果非常准确。为了降低由于问卷回收率过低带来的误差，研究者应该尽力采取多种办法来提高问卷回收率，比如提高问卷的质量、降低填答的难度等。

（三）调查员素质欠佳带来的误差

在上一个部分中我们提到，无论采取何种方式进行问卷调查，通常都会有大量调查员参与问卷发放以及问卷的收集和录入过程，因此调查员的素质对于数据质量起到了至关重要的作用。调查员的素质主要体现在其是否清晰如实地进行提问，是否因为个人态度对调查对象进行了有意引导，是否认真准确地记录了调查对象的回答，是否存在伪造篡改问卷答案等。如果问卷调查员存在以上素质欠佳的情况，就会大大降低调查结果的准确性，导致较大的误差。

（四）调查对象带来的误差

作为问卷调查过程中的主要参与者，调查对象的能力水平以及配合程度也会影响研究结果的准确性。调查对象的能力水平主要体现在其理解问卷题目的能力、思考的能力以及记忆的能力等。如果一名调查对象看不懂问卷的题目要求，或者无法理解题目的意思，那么他/她给予的答案便是无效的。调查对象的配合程度主要体现在其是否愿意如实地填写问卷，倘若一名调查对象由于担心被孤立或者被特殊看待，故意给出一些更符合主流价值观的答案，就会导致调查结果和真实情况存在误差。

总而言之，造成误差的原因是多方面的，在设计和进行调查研究时，研究者应尽力缩小可能存在的误差。

第三节　调查问卷的设计

问卷是调查研究中收集资料的工具，如测量大众的行为、态度、人口统计学特征等。在运用调查法的过程中，如何设计出一份有效的问卷是决定调查质量的重要基础。本节将从问卷设计的步骤、问卷结构、问卷设计的具体方法、问卷设计的基本原则四个方面进行深入介绍。

一、问卷设计的步骤

问卷设计是个系统性的过程，一般来说包括四个主要步骤：(1) 进行探索性工作；(2) 设计问卷初稿；(3) 试测问卷初稿；(4) 修改、定稿并打印问卷。

(一) 探索性工作

探索性工作作为问卷设计的第一个步骤，主要是问卷设计者针对研究选题与各类调查对象进行探索性交谈和访问的过程。在这个探索性交谈的过程中，研究者可以了解调查对象对研究选题的各种看法、态度，对各种问题提法的反应，从而为问卷的设计打下基础。此外，探索性工作可以帮助研究者获得各种问题的不同种类的回答，从而帮助研究者更好地设置答案选项。总的来看，进行探索性工作可以帮助研究者设计出更为合适的问卷。

(二) 设计问卷初稿

在经过探索性工作以后，初步的问卷问题和答案选项已经大致形成了。这时，研究者就可以着手开始问卷初稿的设计工作了。问卷初稿设计就是研究者按照一定顺序和逻辑将问题和答案初步组织起来。通常来说，研究者可以采用卡片法和框图法进行问题和答案的组织。

1. 卡片法

卡片法是从每一个问题出发，从而整合出整份问卷逻辑过程的组织方式。卡片法主要包含六个步骤：第一步，将探索性工作中形成的每一个问卷问题分别写在一张卡片上；第二步，根据卡片上问题的具体内容，将相似内容的问题分别放在一堆；第三步，对每一堆问题按照一定的顺序和逻辑进行排序；第四步，为整个问卷确定一个逻辑顺序，依此排出各问题堆之间的前后顺序；第五步，对整个问卷问题的连贯性、逻辑性和可操作性进行检查，对其中不合理的地方进行修正；第六步，将调整后的问题逐一写在纸上，形成问卷初稿。

2. 框图法

框图法是先确定问卷的整体结构，然后再回到具体问题上的组织方式。

框图法主要包含四个步骤：第一步，根据研究假设和现有资料形成问卷的大致脉络，然后在纸上画出问卷的各个部分以及安排好各部分之间的前后顺序；第二步，将每一部分的问题和答案具体写出来，并对每一部分中的问题按照一定逻辑调整顺序；第三步，对整个问卷问题的连贯性、逻辑性和可操作性进行检查，对其中的不合理地方进行修正；第四步，将调整后的结果写在纸上，形成问卷初稿。

总的来说，卡片法是从具体问题到整体，而框图法是从整体到具体问题。相比而言，卡片法更加容易着手，易于调整问题顺序，但难以从全局视角对问卷总体进行把握。因此，卡片法比较适合新手使用。框图法对研究者的要求比较高，一旦确定了问卷整体结构，就可以比较顺利地把具体问题罗列出来，但是缺点在于对问卷问题的调整、增减比较不方便，且容易受到问卷设计者个人主观认识的局限性。

（三）试测问卷初稿

通常来说，当问卷初稿设计完成后，不建议直接将该问卷用于正式调查，而应先对问卷初稿进行一轮小规模的试测。对问卷初稿进行试测是问卷设计过程中重要的一步，目的在于及时发现存在的问题并对其进行修改和纠正。

试测的方法有主观评价法和客观检验法两种。主观评价法是将问卷初稿打印若干份后，邀请相关领域的专家、学者以及部分调查对象按照自己的经验和知识水平，就问卷的内容和编排进行评论和指正。客观检验法是邀请少部分研究对象作为试测对象对问卷初稿进行填答，在填答完毕后对问卷进行分析和检查。检查的主要内容包括以下几个方面。

(1) 回收率。回收率是实际完成调查的个案数与计划完成调查的样本数之比。我们一般认为，如果回收率小于 60%，就代表问卷的设计可能存在问题。

(2) 有效回收率。在实际调查中，回收的问卷不一定都是有效的，其中往往还有一部分不合格的问卷。有效回收率即实际完成调查的“有效”个案数与计划完成的样本总数之比。有效回收率越低，越说明问卷的设计不合理。此时，研究者就需要对问卷进行修正。

(3) 填写错误。如果发现试测对象填答的问卷中出现了填写错误,研究者就需要深入了解是否由于问卷设计的不合理导致了试测对象对问卷问题的误解。

(4) 缺答问题。对于缺答现象,一般有两种情况：一种是调查对象普遍对某几个问题未作答;另一种是从其中某一问题开始,后面的问题均未作答。第一种情况,调查者需要分析其未作答的原因;第二种情况,调查者需要了解问答提前中断的原因。

一般来说,主观评价法适用于一些小型问卷调查,客观检验法适用于大型问卷调查,也有学者同时采取两种方式来对问卷进行试用。

(四) 修改、定稿并打印问卷

在完成上面三个步骤后,研究者需要对问卷初稿中存在的问题进行仔细修改后才能定稿。此外,在进行问卷印制工作前,需要注意版面布局和校对问卷确认无误后,才可以将问卷送去印刷,用于正式调查。

二、问卷的结构

问卷在形式上表现为一系列有机联系的问题和表格。一份完整的问卷通常包括三个部分：问卷封面、问卷主体、结束语。

(一) 问卷封面

问卷封面主要包括几个部分：问卷编号、问卷标题、封面信和其他信息。

1. 问卷编号

为了避免重复录入问卷数据的问题发生,研究者通常会在问卷的封面左上角或者右上角为每份问卷编上序号。根据这个编号,研究者可以快速将电脑上的数据对应到每一份问卷,从而有利于对数据进行复查。一般来说,对于纸质问卷,给问卷编号的过程是必不可少的,因为编号的问卷会给后期进行数据的录入和复核带来极大的方便。但是对于网络问卷来说则不是那么必须,因为网络调查平台通常会自动将每一份调查问卷进行编号。

2. 问卷标题

问卷标题需要以简洁的语句来概括调查主题,以便调查对象知晓自己将要参加哪一领域的调查。例如,“关于大学生在线学习情况的调查问卷”“中小学生网络游戏沉迷情况之调查”“老年人健康素养情况之调查”等。

3. 封面信

作为问卷封面最重要的部分,封面信的主要作用就在于向调查对象介绍问卷的目的、内容、受访人要求、保密承诺、激励措施等,以消除调查对象的顾虑,并激发他们参与调查的兴趣。其常规模式就是一封简短的致被调查者的信。封面信是调查对象对调查项目的第一印象,所以封面信的用词应简洁易懂,平易近人,尽量少用专业词汇,以避免调查对象的理解难度。

封面信内容主要包括五部分。第一部分着重说明调查者的身份,也就是告诉被调查者“我是谁”。比如,“我们是来自某某大学新闻学院新媒体研究的团队……”,“我们是某某省健康传播研究中心的工作人员……”。原则上来说,对于调查者的身份说明越清楚越好,因为这样可以大大消除被调查者的疑虑。第二部分要说明本次调查的内容,也就是用简短的一句话告诉被调查者“我们要干什么”。例如,“本次调查想要了解中小学生智能手机的使用习惯和模式”,“本次调查旨在了解我国男性对于 HPV 疫苗的认知和态度”。第三部分要说明调查的目的和意义,也就是告诉被调查者“为什么做这个调查”。例如,“我们这次调查是为了摸清昆明市中小学生网络游戏沉迷的现状,从而更好地帮助学校和老师制定更有效的解决方案”。第四部分要说明调查对象的选取要求和保密承诺。例如,“如果您是高校的在读大学生,且过去一年中采用过在线学习的方式,您将是我们期待的目标受访者。如果您不符合以上的条件,请忽略此次问卷。……您的所有回答都将会保密且仅为学术研究使用。本次研究的成果可能会发表于相关的会议、杂志或书籍上。但我们会确保隐藏您的所有个人信息……”。第五部分作为封面信的结束部分,一方面需要真诚地向调查对象表达感谢;另一方面,如果为调查对象准备了礼物和报酬作为感谢方式,还需要告诉调查对象如何获得奖励。例如,研究者可以在封面信的结尾说“非常感谢您在百忙之中参与本次问卷调查。如果您提供的信息真实有效,您将会收到 30 元的微信红包以表示我们对您的感谢”。

另外,在封面信的结尾还应附上研究者的联系方式,以便调查对象能够向研究者核实调查情况。如果调查的内容较为敏感或涉及特殊群体,研究者通常还会在封面信的最后说明该调查研究是否通过了学术单位伦理审查委员会的批准，进一步打消调查对象的顾虑。

（二）问卷主体

问题及答案是问卷中最主要的部分，由若干问题和选项组成。主要包括两个部分：指导语以及问题和答案。

1. 指导语

指导语就是告诉调查对象如何来填答问卷的一组陈述语，其作用类似于考试试卷中每一个大题的填答说明。在一份问卷中，指导语通常有卷首指导语和卷中指导语两种形式。卷首指导语一般出现在封面信之后，正式的问题和答案之前，其作用是对填表的要求、注意事项等做一个总的说明。例如，“如无特殊说明，以下均为单选题，请在你同意的选项下面打‘√’”。卷中指导语一般是针对某些特殊的问题作出特定的解释说明。例如，“本题为多选题，可根据自身情况选择多个答案”和“本题中月收入指的是税后的个人月平均收入”等。简而言之，指导语的作用就是研究者通过简明易懂的语言告诉调查对象如何正确作答问卷题目。

2. 问题和答案

根据问题填答方式的不同，问卷的问题可以分为封闭式问题和开放式问题两种。

封闭式问题(closed-ended question)是研究者在提出具体问题的同时，给出可能的答案选项，调查对象根据自己的实际情况从研究者给出的选项中进行选取。在实际操作中因为无法穷尽可能的情况，所以封闭式问题中往往会在最后增加“其他”选项，以保证选项的饱和性。封闭式问题多适用于事实性信息和调查对象有明确意向的主题。例如：

Q：请问您使用智能手机多长时间了？（注：从您开始用第一部智能手机算起）

——不足 1 年(包括 1 年)

——1 年到 3 年(包括 3 年)

——3 年到 5 年（包括 5 年）

——5 年到 7 年（包括 7 年）

——超过 7 年

Q：请问您目前使用的是哪个品牌的智能手机？

——三星

——苹果

——小米

——华为

——其他

封闭式问题的优点在于填答方便，数据编码和录入的过程也比较简单。此外，由于所有调查对象都是从同样的选项范围中选取答案，因此问题的回答可以进行直接的比较和分析，但封闭式问题的缺点在于可能会限制调查对象的思路，将复杂的问题简单化。

开放式问题(opened-ended question)多用于探索性调查的问卷中，指研究者在提出具体问题的同时，不会限定答案的范围，被调查对象可以根据自己的实际情况给出任何答案的问题形式。例如：

Q：您使用智能手机的原因是(请将您的答案填到以下横线处)？

____

Q：请问您为什么选择在线学习方式(请将您的答案填到以下横线处)？

____

开放式问题的优点就在于调查对象的答案几乎是无限制的，可以收集到丰富多样的答案。但是，填答开放式问题往往要求调查对象具有一定的文字表达水平，由于其所需的时间和精力更多，调查对象可能会出现怠倦情绪，放弃继续进行调查，所以开放式问题在问卷中通常出现较少。

此外，在某些传播学研究问卷中，有时也会使用半开放式的问题形式，即研究者既给出了可能的答案，又在选项中留出空白供调查对象填入其他可能的答案，以保证选项答案的穷尽性。例如：

Q：您使用社交媒体的最主要原因是什么？（限选一个答案）

——和他人维持联系

——展示自我

——获取信息

——消磨时间

——其他(请写明)：________________

（三）结束语

问卷的最后一个部分，我们把它称为结束语。作为问卷的结尾，结束语一般包括四方面的内容：(1) 告知调查对象问卷内容到此结束，提醒调查对象检查是否有错填、漏填的问题出现；(2) 告知调查对象获取奖品的方式；(3) 提供研究者的联系方式，欢迎调查对象对问卷的内容或形式发表任何意见和建议；(4) 再次对调查对象参与调查表示感谢。

三、问卷设计的具体方法

在上文中，我们说到问题与答案是问卷的主体，也是问卷设计过程中需要斟酌的重要部分。接下来，本书将详细给大家介绍问卷问题的具体形式与答案类型，以及在问题设计的过程中需要注意的问题。

（一）问题的形式与答案

根据答案选项的形式，我们可以将问卷的问题分为五大类，包括填空式、二项选择式、单项选择式、多项选择式、量表式。

1. 填空式

填空式问题就是让受访者根据自己情况填入答案。在传播学研究中，填空式的问题常用于询问一些较为简单的数字性问题，比如年龄、出生日期、收入、家庭人数、使用年限等。以下为填空式题目的示例。

示例 1：请问您使用智能手机大约几年了？（从您第一部智能手机算起）________年

示例 2：请问您今年几岁了？（截至 2020 年 12 月 30 日）________岁

示例 3：请问您平均每天使用社交媒体几个小时？________小时

2. 二项选择式

二项选择式问题就是只提供两种答案选项的问题，选项一般为“是/否”“正确/错误”“应该/不应该”等。二项选择式问题的目的是让受访者给予一个明确的判断，避免调查对象做出模棱两可的回答。但是，其缺点也比较明显，即得到的回答太过绝对，不能了解到调查对象的其他类别和态度。例如：

示例 1：请问您对这次报纸改版是否满意？
——是
——否
示例 2：请问您的手机是智能手机吗？
——是
——否
示例 3：您认为应该禁止未成年人玩网络游戏吗？
——应该
——不应该

3. 单项选择式

单项选择式问题就是提供两个以上选项的问题，受访者根据自己的情况选择其中之一。单项选择题是调查问卷中出现较多的题型之一。例如：

示例 1：平均下来，您每天因为工作的原因使用手机多长时间？
——少于 1 个小时
——1 个小时到 2 个小时(包括 1 个小时)
——2 个小时到 3 个小时(包括 2 个小时)
——多于 3 个小时(包括 3 个小时)
示例 2：请问您获得的最高学历是？
——大学本科以下学历
——大学本科学历

——硕士研究生学历

——博士研究生学历

4. 多项选择式

多项选择式题目是设置多个选项的封闭式题目(通常是三个以上),受访者根据题目要求,可以从选项中选择一个或多个符合实际情况的选项。设计多项选择题时要注意选项必须满足互斥性和穷尽性两点要求,即每个选项之间没有意义上的重合或交叉,且所有选项穷尽了这个问题的所有可能性。如果答案设置不符合这两点要求,那么调查结果就会不准确、不全面。例如:

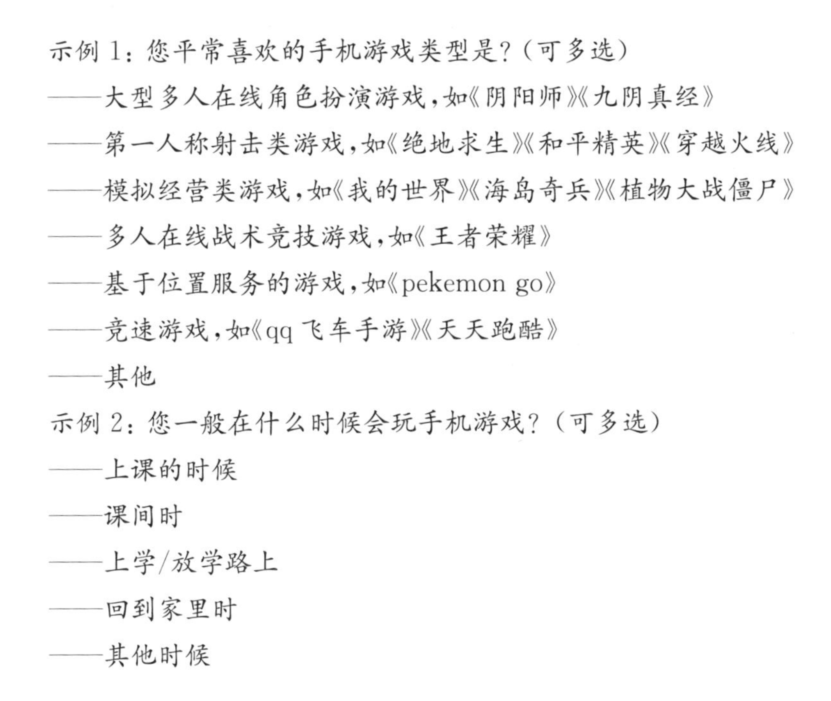

示例 1:您平常喜欢的手机游戏类型是?(可多选)

——大型多人在线角色扮演游戏,如《阴阳师》《九阴真经》

——第一人称射击类游戏,如《绝地求生》《和平精英》《穿越火线》

——模拟经营类游戏,如《我的世界》《海岛奇兵》《植物大战僵尸》

——多人在线战术竞技游戏,如《王者荣耀》

——基于位置服务的游戏,如《pekemon go》

——竞速游戏,如《qq 飞车手游》《天天跑酷》

——其他

示例 2:您一般在什么时候会玩手机游戏?(可多选)

——上课的时候

——课间时

——上学/放学路上

——回到家里时

——其他时候

5. 量表式

量表式问题就是把同一类型的若干个问题组合起来,以矩阵的方式表现出来的问题形式。量表式问题是传播学量化调查研究中常见的题型,一般用来测量调查对象的主观态度。量表式的设计既节省了问卷的空间也方便调查对象填答,但是也要注意,量表式问题如果太多,或者在一份问卷中占有的比重太大，就会让调查对象产生单调的感觉。以下为量表式题目的示例。

示例 1：以下是一些关于自我感受的问题，请根据自身体验回答。

	从不	很少	偶尔	时常	经常
你是否感到孤独？	○	○	○	○	○
你是否觉得不能融入人群？	○	○	○	○	○
你是否觉得身边没有亲近的人？	○	○	○	○	○

示例 2：您玩手机游戏的原因是？

我玩手机游戏是为了……	非常不同意	不同意	一般	同意	非常同意
和同学/朋友进行交流	○	○	○	○	○
增进友谊	○	○	○	○	○
交新朋友	○	○	○	○	○
享受胜利的感觉	○	○	○	○	○
与朋友进行竞争	○	○	○	○	○
训练我的游戏技巧	○	○	○	○	○
打发时间	○	○	○	○	○
释放压力	○	○	○	○	○
放松心情	○	○	○	○	○

问题的形式和答案除了以上提及的五大类之外，还有顺位式问题和回忆式问题等。但在传播学研究中，它们出现得比较少，故不一一赘述。

（二）问题数量与提问顺序

问题数量与提问顺序也是问卷设计时需要考虑的两个重要问题。

1. 问题数量

在实际操作中，我们常常会发现，如果一份问卷过长，里面涵盖的问题过多，就会出现部分受访者乱答或填了一半就中止填答的现象。因此，问卷问题的数量也会影响最终收集到的数据质量。那么,问卷问题数量到底多少是合适的呢?

在现今高速化的社会环境下,对于访问式的调查来说,问题数量应该控制在回答者能够在10分钟内完成为宜,而对于自填式的调查,问题数量应该控制在回答者能够在20分钟内完成为宜。如果问卷太长,就会引起调查对象的厌烦或畏难情绪,从而影响填答的质量和回收率。当然,由于研究的需要,研究者有时也会设计一些较长的问卷。此时,研究者可以通过赠送小礼物或支付调查对象填答报酬等方式来提高填答的质量和回收率。

2. 提问顺序

除了问题的数量,提问的顺序同样也会影响问卷的填答质量。一般来说,一份问卷里的问题总是按照从简单到复杂、从一般到具体、从事实性问题到阐述性问题的顺序来排列。具体而言,提问顺序的安排有以下六个规则。

第一,简单易答的题目放在前面。如果问卷一开始就出现较为复杂难答的问题,往往会出现调查对象中止填答的可能性。而如果一开始是一些较为简单,不需要思考太多的问题,调查对象就会有一种轻松的感觉,以便于继续填答。

第二,把能引起兴趣的问题放在前面。如果问卷一开始就涉及一些触及人们思想深处的问题,就容易使受访者产生防备的心理,甚至反感,导致填答中止。而如果问卷一开始能吸引调查对象的注意力,引起他们的兴趣,就会使调查对象愿意继续参与填答,调查过程也会比较有效地进行下去。

第三,先问行为方面的问题,再问态度方面的问题。行为方面的问题一般涉及的是比较客观的、具体的事实性内容(如平均每天看电视的时间为几个小时),相对比较容易回答。而态度方面的问题如果涉及的是一些相对私密的、主观的看法,相对来说就需要思考才能回答。因此,态度方面的问题最好放在行为问题的后面,待受访者放下防备心理后再出现。

第四,提问的顺序要尽量符合理解逻辑。问题的排序要符合人们的一般理解逻辑,这样调查对象填答问卷的时候才不会迷惑。如果问题之间存在着时间顺序,那么应该按照时间顺序来排列它们,这样可以帮助调查对象由最近的行为和态度回想以前的经验。如果设计的问题可以分为几大类,那么每个类别的问题就应该集中在一起,使调查对象容易掌握回答的方向。

第五,个人人口统计学相关问题放在最后。在问卷的设计过程中,个人的人口统计学相关问题(例如,年龄、收入、家庭情况、工作情况、婚姻情况等)一般建议放在问卷的最后。这些问题通常会涉及调查对象的隐私,如果一上来就问这些隐私相关的问题,部分受访者可能会觉得有所冒犯和不悦,从而影响调查的顺利进行。

第六,开放式问题放在后半部分。开放式问题往往需要调查对象更多的时间思考和填答,所以如果问卷中有开放式问题,建议将开放式问题放在问卷的后半部分。

第四节　问卷调查法的优点和缺点

最后,我们来总结一下问卷调查法的优点和缺点。

一、优点

(一)节省时间、经费和人力

问卷调查法可以最大限度地节省时间、经费以及人力成本。在数据采集的所有方法中,问卷调查法是少有的可以在短时间内进行大规模调查的方法。因此,在单位时间内,问卷调查法是一种极其高效的数据收集方法。对于大多数的问卷调查研究来说,除了需要支付问卷的印刷、邮寄、调查员酬金等费用之外,一般没有其他大额的支出,因此问卷调查法也是一种相对节约经费的数据收集方式。随着网络的普及,越来越多的研究者通过网络来发放问卷。这种网络问卷的形式无须调查员进行数据的采集和录入工作,因此在节省了开销的同时,也大大地节省了人力的成本。

(二)有助于获得相对客观的数据

在问卷调查的过程中,问卷是收集数据的直接工具。虽然某些问卷调查的方式无法完全避免人为因素的影响(如访问式调查),但是相对于其他将“研究者”本人作为数据收集工具的方法(例如实地观察)来说,通过问卷调查获得的数据是相对客观、准确的。

（三）结果便于量化处理和分析

问卷调查法是一种结构化的调查方式，调查的问题形式和提问的序列，以及答案种类一般都是固定的。因此，研究者可以很容易将这些文字资料转化为数字进行量化处理和分析。此外，现在市面上的一些问卷调查的网站不仅可以帮助我们将问卷信息直接转化为量化数据，有的甚至还可以协助进行数据分析，也非常便捷。

二、缺点

（一）对受访者的文化水平有一定的要求

进行问卷调查的一个重要前提是受访者能够看懂/听懂，且理解问卷的问题。如果受访者的文化水平较低，无法理解问卷问题的含义或无法领会填答的要求和方法，就很难进行有效的问卷调查。因此，问卷调查法客观上要求受访者具有一定的文化程度，这个要求也无形中限制了问卷调查法的使用范围。

（二）难以保证收集到的数据质量

在实际调查的过程中，由于时间、经费、人力等多方面的限制，问卷调查常常采用自填式的问卷调查形式。由于在自填式的问卷调查过程中，研究者并非直接接触受访者，所以很难对问卷填答的过程进行控制，也很难保证收集到的数据质量。

（三）难以保证问卷的回收率

回收率较低也是问卷调查法的一个重要缺陷。问卷回收率是影响和决定调查样本代表性的重要因素。当实际收集到的样本和所抽取的样本存在很大的差异，或者说回收率过低时，样本的代表性就会大大减弱，从而导致调查结果和真实世界的情况存在较大的误差。在问卷调查的实际过程中，回收率较低是研究者常常遇到的一个问题。一般来说，如果研究对象是学生之外的人群（如儿童、老年人），问卷的回收率都会比较低。特别是对于一些由于经费有限、无法提供小礼品或酬金激励的问卷调查项目来说，问卷的回收率更是难以保证。

总的来说，问卷调查法作为传播学研究领域最常用的数据收集方法之一，可以帮助研究者深入地认识社会现象及传播规律。接下来的一个章节，我们会对传播学研究中另一种重要的量化研究方法——实验法进行详细介绍。

第六章 实验法

在传播学研究中,第二种常用的资料收集方法为实验法。实验法是一种通过精密的实验设计来收集量化资料的方式。在新闻传播学领域当中,不少基础的经典理论都是通过实验法而得到验证,可以说实验法奠定了传播学成为学科的基础。本章将从实验法的逻辑基础、实验设计的类型、实施过程、优缺点等方面进行系统的介绍。

第一节 实验法的逻辑基础

一、实验法的基本原理

实验法指的是一种经过精心设计,并在高度控制的条件下,通过操纵某些因素,来验证变量之间因果关系的方法。推断变量之间的因果关系是实验研究的基本条件。因此,在实验研究进行之前,研究者通常需要根据理论文献或者主观判断提出变量之间因果关系的预设,然后通过实验来证明所预设的变量之间因果关系是否存在。譬如,要研究“社交媒体使用与大学生学习成绩之间的关系”,根据相关理论和文献可以提出假设“大学生社交媒体的使用会导致其学习成绩降低”这个因果关系。在这个例子中,社交媒体使用是自变量(原因变量),学生的成绩是因变量(结果变量)。在确定了实验的假设之后,就要开始正式的实验,一个简单实验的步骤为:(1) 在实验开始前对因变量进行测试,即对学生进行测验并记录成绩;(2) 引入自变量对实验对象进行干预,即让学生进行社交媒体使用;(3) 对因变量进行后测,即再次测验学生成绩;(4) 对比前测和后测因变量的差异值以检验假设,即比较学生的前测成绩和后测成绩。

倘若因变量两次测试的结果有差异，就能初步证明自变量对因变量有影响，反之则证明两者之间不存在因果关系。这就是实验法的基本逻辑原理，也是最为简化的一种情境（见图 6-1）。

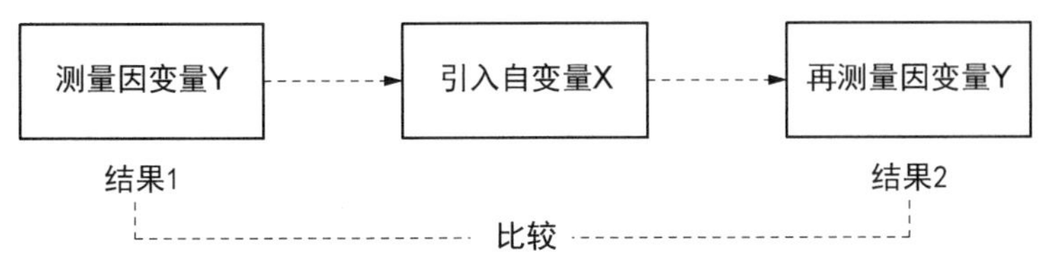

图 6-1　实验法的基本逻辑原理

在实际情况中，因为自变量与因变量之间的因果联系，还会受到多个因素的影响，这也意味着我们需要尽可能去排除其他因素对实验的干扰。为了排除其他相关因素给自变量带来的可能影响，我们通常会在实验研究中设置两个组，即实验组和控制组，通过对实验组前后测之差和控制组前后测之差进行比较来确定自变量对因变量的作用和影响（见图 6-2）。由于控制组受到同样外部影响且未接受自变量的干预，这样就能保证实验组得到的结论是自变量对因变量产生作用的结论，而不是其他外部条件对因变量产生了作用。

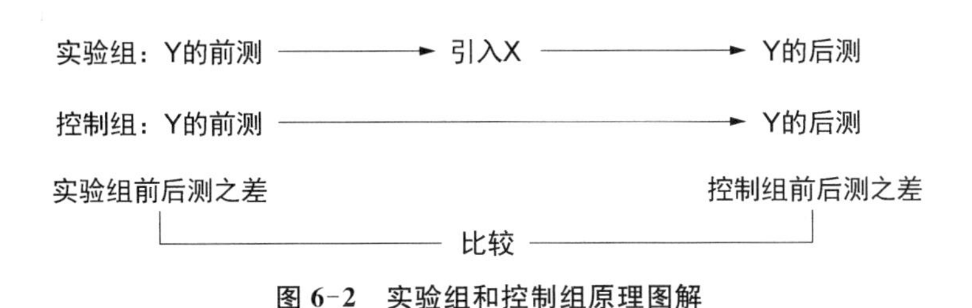

图 6-2　实验组和控制组原理图解

二、实验法的三对基本要素

通过上文的介绍可知，通常情况下，一个基本的实验设计要经历假设、前测、后测、对比四个阶段。在这个过程中，大部分实验都包括三对基本的要素：自变量和因变量、前测和后测、实验组和控制组。接下来，本书将对实验法的这三对基本要素进行逐一介绍。

（一）自变量和因变量

自变量是引起其他变量变化的变量，它是引起因变量变化的原因。在实验法中，自变量通常被看作一种实验刺激，用于测试实验对象的反应，因此自变量在实验法中也被称为“实验刺激”（experiment stimulus）或“刺激变量”。而因变量指的是研究的结果变量，也就是实验研究所测量的变量。实验法的核心就是检验自变量的变化是否带来因变量的变化，从而得出是否为因果关系的结论。需要注意的是，在实验法的使用中，研究者不仅要控制自变量，还要控制外来变量对实验结果的影响。外来变量指的是可能会对因变量产生改变的非自变量因素，比如实验对象的个体差异（家庭背景、收入、学历等），或者一些突发性的、研究者无法控制的不可抗力事件等。例如，近期要研究媒体发布公共医疗健康信息对公众健康关注程度的影响，如果选择实验法进行研究，那么在实验中必须控制的就是新冠肺炎疫情这一突发性事件对公众健康关注带来的影响。

（二）前测和后测

实验的关注点始终是自变量是否对因变量产生影响。如何才能知道自变量是否对因变量产生了影响呢？一个最重要的方法就是对实验中的因变量进行前测和后测。前测（pretest），顾名思义就是在加入实验刺激（自变量）前对实验对象（实验组和控制组）进行测量。后测（posttest）就是在加入实验刺激（自变量）后对实验对象（实验组和控制组）再次进行测量。进行前测和后测的目的是通过比较前测和后测的结果，来衡量实验刺激（自变量）对因变量产生的影响。

（三）实验组和控制组

在实验过程中，研究者通常会把实验对象随机分成两个小组，即实验组和控制组。实验组（experimental group）指的是在实验过程中接受实验刺激的那一组实验对象；控制组（control group）也被称为“对照组”，指的是在各方面都与实验组相同，但在实验过程中并不接受实验刺激的一组实验对象。设置控制组的目的在于揭示如果不接受实验刺激，实验组会发生什么。通过实验组与控制组结果的对比，研究者便可以知道实验刺激对于因变量的作用和影响（见图 6-3）。

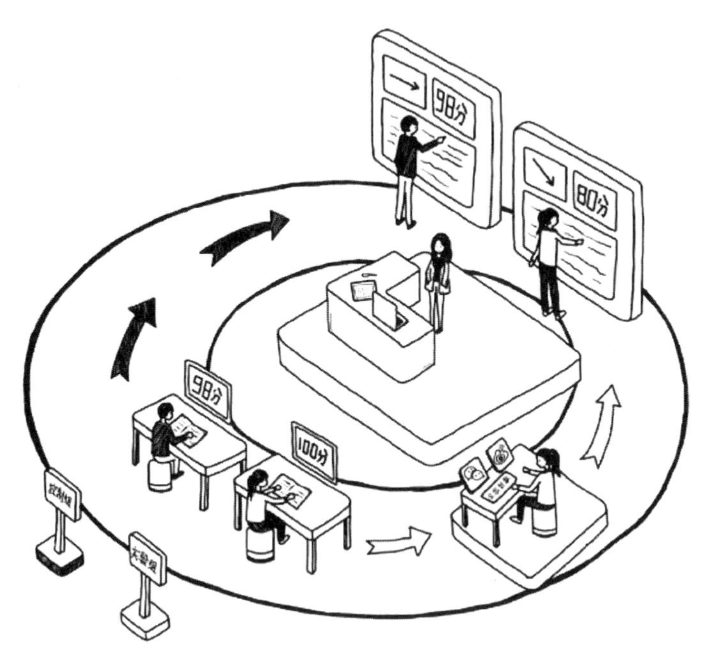

图 6-3　实验组和控制组

三、实验的条件

为了保证实验的顺利开展，在实验开始之前，研究者必须确认该项实验是否具备开始的条件，基本的实验条件有以下五点。

第一，实验必须能够建立变量之间因果关系的假设。实验研究的目的就是确定自变量和因变量之间存在因果关系。因此，因果假设是实验研究的逻辑起点，没有因果关系的假设，就不存在进行实验的条件。

第二，自变量必须能够很好地被“孤立”。也就是说，自变量作为实验刺激加入实验之中的时候，它要能够与其他外部变量隔绝起来，这样才能确定因变量发生改变是因为自变量的加入而不是其他变量的影响。

第三，自变量必须是可以改变的，同时也是容易操纵的。如上文所述，实验法的核心就是检验自变量的变化是否带来因变量的变化，从而得出是否为因果关系的结论。要达到这个目的，就要求自变量必须是可以改变的，且容易操控的。自变量最简单的变化是“有”或“无”的变化，更复杂的变化是类似

“强”“中”“弱”的程度变化。

第四，实验程序和操作必须能够重复进行。可重复性是实验的必备条件，是检验实验结果是否科学可靠的重要基础。

第五，必须具有高度的控制条件和能力。控制是实验研究最本质的特征，没有控制就没有实验。对实验的控制既包括对实验对象的控制，也包括对实验环境的控制。如果研究者不能对实验进行有力控制，实验结果就不具备解释力。例如，如果要研究“暴力游戏是否会增加青少年的暴力倾向”，如果无法控制其他暴力信息（比如电影中的暴力情节、新闻报道中的暴力情节等）的影响，就难以确定青少年的暴力倾向是由暴力游戏所致。

第二节　实验设计的类型

上文提到，实验是“一种经过精心的设计”。也就是说，要想保证研究结论具有信度和效度，就需要研究者对整个研究过程进行全面考虑和规划。实验设计是研究设计中的重要部分，是保证实验顺利进行的关键。

本书借用约翰·C. 雷纳德（John C. Reinard）在《传播研究方法导论》中使用的符号体系来描述实验的主要过程[①]，主要涉及的符号有四个：R 表示对样本进行随机抽样或分组，M 表示对样本进行配对分组，X 表示对自变量进行处置或操纵，O 表示对因变量的观察和测量。其中，O 后面的下标数字表示测量的次数，一次用 O_1 表示，两次用 O_2 表示，以此类推。

本节将对三类常见的实验设计进行介绍，即前实验设计、准实验设计、完全实验设计。

一、前实验设计

前实验设计是所有实验设计中最简单、研究者控制最少的一类实验设计。在前实验设计中，研究者并未使用随机分组或配对手段对实验主体进行控制，

① ［美］约翰·C. 雷纳德：《传播研究方法导论》（第三版），李本乾等译，中国人民大学出版社 2008 年版，第 264 页。

也未设置控制组，而只设置一个实验组，只对实验组进行测量分析。前实验设计由于缺少对实验过程的控制，因此也被称为不完全的实验设计或假实验设计。一般来说，前实验设计有三种具体形式，即单组前测—后测设计、单组后测设计、非对等群体后测设计。

（一）单组前测—后测设计

单组前测—后测设计（one-group pretest-posttest design）假定自变量的加入会导致后测结果发生改变，通过对比前测和后测的差异就可以得出结论。具体过程是首先对实验组进行前测，然后加入实验刺激，再对实验组进行后测。其模式如表 6-1 所示：

表 6-1　单组前测—后测设计

	前测—实验刺激—后测		
实验组	O_1	X	O_2

例如，在一项实验中，先让参与实验的成员填写一份他们关于某地地域歧视的量表，然后让他们阅读介绍该地人文风情和历史风貌文章，一段时间后，再次让他们填写这份量表。通过对比两次的量表测量结果，就能看出媒介信息对人们观念转变的影响。但是正如上文所说，这种实验设计没有控制外来变量，除非研究者能够确定外来因素不会对实验产生影响才能使用。

（二）单组后测设计

单组后测设计（one-group pretest-only design）是最简单的一种实验设计。不同于单组前后测设计，单组后测设计只需要考虑自变量对因变量的影响，也就是没有前测，而是直接加入实验刺激对实验组的作用，然后得出因变量的情况。其模式如表 6-2 所示：

表 6-2　单组后测设计

	实验刺激—后测	
实验组	X	O_2

同样以媒介信息对人们观念转变的影响为例。在单组后测设计中,研究者不对实验组成员进行前测,而是直接让他们阅读介绍该地人文风情和历史风貌的文章,然后让被测者填写关于某地地域歧视的量表,记录后测结果。但是,研究者在阅读这些文章之前,无从知晓被测者关于地域歧视的态度如何,他们是否了解这个地方。因此在没有前测的情况下,研究者很难认定媒介信息会对人们的观念转变造成影响。一般来说,单组后测设计使用相对较少。

（三）非对等群体后测设计

非对等群体后测设计(posttest-only nonequivalent groups design)指的是将实验主体进行非随机的分配,形成实验组和控制组。实验组接受实验刺激之后进行后测,而控制组则直接进行后测,然后对比两组后测的结果。其模式如表6-3所示：

表6-3　非对等群体后测设计

	实验刺激—后测	
实验组	X	O_2
控制组		O_2'

以媒介信息对人们观念转变的影响为例。研究者的分组并没有通过随机或配对方式进行,因此无法把握两组人员信息,也不知道两组人员是否具有可比性;然后对实验组加入实验刺激,也就是让该组成员阅读介绍该地人文风情和历史风貌的文章,而控制组则不接受实验刺激直接开始进行量表测量;最后研究者对两组的后测结果进行对比分析,得出结论。这样的实验设计由于没有对两组实验对象进行匹配,极有可能存在两组实验对象在年龄、身份、学历和认知上具有极大差异,而这些差异有可能会影响测量的结果。

总的来说,前实验设计的过程相对比较简单,也容易操作,但是由于许多可能会对研究效果造成威胁的外在变量没有受到控制,因而前实验设计对因果关系的解释力很弱，常常受到学界质疑。

二、准实验设计

准实验设计是缺一个或者多个“条件”的实验设计。比起前实验设计，准实验设计中研究者的控制更多，实验结果准确性也增加了。本书主要介绍两种准实验设计：前测—后测非等同控制分组实验设计以及单组时间序列设计。

（一）前测—后测非等同控制分组实验设计

前测—后测非等同控制分组实验设计（pretest-posttest nonequivalent groups design）是在实验过程中首先对实验主体进行非随机的分组，将被测者分为控制组和实验组，然后分别对两个组进行前测和后测，并对比测量结果。比起上文提到的非对等群体后测实验设计，它增加了对实验组和控制组的前测，准确度更高。其模型如表 6-4 所示：

表 6-4 前测—后测非等同控制分组实验设计

	前测—实验刺激—后测		
实验组	O_1	X	O_2
控制组	O_1'		O_2'

以前文为例，研究者非随机地将研究对象分成控制组和实验组，首先对他们“对某地地域歧视”的态度进行量表测量，然后让实验组的成员阅读介绍该地人文风情和历史风貌的文章，控制组的成员不施加实验刺激，最后让两组成员再次填写歧视量表，并对四次测量结果进行比对分析。如果实验组的后测结果与前测结果出现差异，而控制组的两次结果基本相同，就能证明媒介信息对改变人们的观念有所影响。

这种设计的优点在于，它不仅可以得到后测结果的差异，也能得到前测结果的差异，可以知道被测者在参与测试前处于何种水平。但是，这种设计由于在分组上是不等同的，因此推断出的因果关系反映的未必是真正的真实。例如，因为两组实验对象的学历层次不相同，所以介绍该地人文风情和历史风貌的文章对不同学历层次的实验对象的影响是不一样的,此时计算出的前后测结果差异就不一定是由媒介信息单独作用的了。

(二)单组时间序列设计

单组时间序列设计(single-group interrupted time series design)是指首先对单组实验对象进行一系列前测,然后加入实验刺激的作用,再对实验对象进行一系列后测。单组时间序列设计是一种交互分类设计,这一设计方法包含了多个时间点,由这些时间点组成了一个较长时间序列的观测值。单组时间序列设计与单组前测—后测设计的区别在于,单组时间序列设计要在实验刺激加入前进行多次前测,之后又进行多次后测,这样可以排除被测者因为多次测量而熟悉实验带来的误差。其模型如表6-5所示:

表6-5 单组时间序列设计

	前测—实验刺激—后测
实验组	O_1 O_2 O_3 X O_4 O_5 O_6

如果 O_3 和 O_4 之间存在显著的差异,那么研究者需要查看 O_1 和 O_2 之间、O_2 和 O_3 之间是否存在差异,如果 O_1 和 O_2 之间、O_2 和 O_3 之间存在差异,那么 O_3 和 O_4 之间的差异可能是由于测量的适应性效应造成的,而并非一定是由于实验刺激造成。如果几次测量之中,只有 O_3 和 O_4 之间存在差异,那么就可以认为测量的适应性效应没有发生。

单组时间序列设计方法的缺点是,由于需要观察实验组成员在一段时间内的变化,因此耗费的人力和物力多于其他实验设计。此外,它不设置控制组,研究者无法断定假设的自变量是否对因变量具有主要影响,且无法排除实验组成员不同的个人特征和测量工具不准确对最后的实验结果产生影响。

三、完全实验设计

完全实验设计也被称为"标准实验设计",是一种满足所有实验必备条件(比如随机分配,进行前测和后测,有控制组和实验组,实验环境封闭等)的实验设计。完全实验设计主要具有以下特点。

第一，在实验中，研究者对自变量和因变量必须有严格的控制；

第二，实验主体是通过随机分配的方式进行实验组和控制组的分配；

第三，研究者的偏见对实验结果造成的影响被取消；

第四，实验结果具有最高的准确性。

接下来，本书将介绍两种典型的完全实验设计：对等群体前测—后测设计，以及所罗门实验设计。

（一）对等群体前测—后测设计

对等群体前测—后测设计（pretest-posttest equivalent groups design）指的是将实验主体通过随机分配的方式分为实验组和控制组，同时对两个组进行前测，然后将实验刺激加入实验组中（不对控制组给予这种实验刺激），再同时进行后测，并比较两个组前后测结果之间的差别，从而得出实验刺激的影响。这是完全实验设计中最基本、最标准的实验方法。其模型如表 6-6 所示：

表 6-6　对等群体前测—后测设计

	前测—实验刺激—后测		
实验组	O_1	X	O_2
控制组	O_1'		O_2'

但是这种实验方法依然存在一个问题，就是前测可能会导致实验组和控制组的成员因为熟悉实验过程而降低对后测的敏感度，从而夸大实验结果。为了避免这种情况，研究者还可以采用更为准确的所罗门实验设计。

（二）所罗门四组实验设计

相比于经典实验设计，所罗门四组实验设计（Solomon four-group design）是一种更为理想的完全实验类型。该设计由所罗门（Solomon）首创，故称为所罗门四组设计。该实验设计的主要优点在于排除了前测和实验刺激之间交互作用以及实验外部因素带来的影响。它结合了对等群体前测—后测设计和对等群体后测设计的优点，将实验主体随机分配成四个组，即一个实验组和三个控制组。在实验过程中，每组被试都是随机分配的，第一组接受前测、实验刺激和后测，第二组只有前测和后测，第三组接受实验刺激和后测，第四组只进行后测。其模型如表6-7所示：

表6-7　所罗门四组实验设计

	前测—实验刺激—后测		
实验组	O_1	X	O_2
控制组1	O_1'		O_2'
控制组2		X	O_2''
控制组3			O_2'''

如果实验组的前测结果和控制组1的前测、后测结果都差不多，同时实验组的后测结果和前测结果差异较大，就可以看出两组被试基本对等，可以排除分组不当造成的误差。如果控制组2和控制组3的后测结果差异较大，就能证明研究者在分组中排除了偏见和实验主体的个体特征，这样的实验分组是恰当有效的。通过比较控制组1和控制组3，可以看出反复测试是否降低了被测者的测试敏感度。如果两组的后测结果相同，就能证明前测造成的因变量误差被排除了。如果通过以上比较，证明了前测对后测没有施加影响，那么通过比较实验组和控制组2，就可以看出测量效应和实验刺激手段的互动效应是否引起了误差。若实验组和控制组2的后测结果差不多，就能证明测量效应和实验刺激手段的互动效应对实验结果没有影响（见图6-4）。

所罗门四组实验设计的优点在于实验效度较高，可以区分出外部因素和测量干扰的影响。但是它的缺点也很明显，一方面，在操作的过程中很难找到四组同质的被试；另一方面，由于实验设计较为复杂，需要的实验对象较多，数据分析也会比较困难，所以在传播学研究中很少被运用到。

图 6-4　所罗门四组实验设计

第三节　实验的实施过程

接下来，本书将对实验的步骤、实验中的控制以及实验误差进行简要介绍。

一、实验的步骤

进行实验研究的过程与其他研究的过程大致相同，大致分为三个阶段：准备阶段、实施阶段、资料处理阶段。

（一）准备阶段

1. 建立因果模型

在本章一开始，我们就提到，实验法实施的基础是需要建立明确的因果假设。因此，实验法实施的第一步就是要明确自变量和因变量，建立清楚的因果模型。

2. 进行实验设计

在明确了因果模型后,就需要对实验场所、实验环境、实验设备和测量工具进行翔实的设计。如果对实验结果的准确性要求较高,但是研究经费有限,研究者可以选择实验室环境;如果研究偏向实用性,更注重实验结果的外在效度,研究者就可以选择田野实验。此外,研究者还需要将研究问题和假设转变为可以进行测量和观察的变量,并确定控制的方式和观测的方法。

(二)实施阶段

1. 选取实验对象

在实施阶段,首先,研究者需要进行实验对象的招募。一般来说,实验对象的招募可以通过公开招募和非公开招募两种形式。公开招募通过登报、网络发布等方式进行;非公开招募则通过与小规模群体的接触进行,例如,在医院招募癌症晚期患者进行新药实验等。这里需要注意的是,参与实验的志愿者具有知情权,如果通过欺骗等手段进行实验,就会涉及实验伦理问题。其次,研究者还需要将招募来的实验对象通过匹配或者随机指派的方式分成实验组和控制组。

2. 进行试测

试测就是选取小规模的实验对象,对实验的整个过程进行测试。一般来说,在进行正式实验之前,都需要进行试测。试测的目的是检测实验环境、实验设计、测量工具、实验刺激等条件是否有效且受控。如果此时实验的设计、测量方法、测量工具等出现问题,就需要及时修正。

3. 开始正式实验

试测完成后,实验人员需要按照具体的实验设计开始实施正式的实验。实验的基本环节是:前测—加入实验刺激—后测。需要注意的是,在前测和加入实验刺激阶段,研究者要保证每一名参与实验的成员正确理解指示和实验信息,保证前测数据准确。在后测结束后,研究者应该尽量与参与实验的主体进行面对面的沟通交流,听取他们对实验过程的意见和看法。如果还有下一组实验成员,就需要告知他们保守实验信息,不要向下一组成员透露。如果因为不得已的原因向实验成员隐瞒了真实的实验目的,应当在实验结束后告知其真相，并且及时解答实验主体的疑问。

（三）资料处理阶段

1. 整理分析资料

当实验实施完成后，研究者需要比较实验组的前测和后测结果，比较实验组和控制组的测量结果，通过对这些数据的比较分析得出实验结论，对之前提出的实验假设进行检验，并提出理论解释和推论。

2. 撰写研究报告

在数据资料分析完成后，实验的最后一个步骤就是根据实验的过程和结果撰写研究报告。关于研究报告的撰写方法，本书的第十一章将会进行详细介绍。

二、实验误差

研究者在进行实验组和控制组的分配时，如果采用随机分组的方法进行，就能够有效避免由于自己的主观偏见和期望所造成的误差。除此之外，实验过程中还存在其他误差，比如：测量工具不准确、外来变量不受控制、分组过程中的随机误差等。接下来，本书将对这些实验误差进行逐一说明。

（一）测量工具不准确

在实验过程中，实验结果需要转化为可视化的数据，因此研究者经常会采用问卷或者物理测量仪器等测量工具对研究主体进行测量。当采用了不合适的量表或者不恰当的工具时，就会导致误差的发生。为了获得更精确的测量工具，实验法强调对同一种实验设计进行重复操作，利用再测信度的原理不断对测量工具进行改进。

（二）外来变量不受控制

通常来说，外来变量是导致实验结果出现误差的主要原因，也是威胁实验结果内在效度的重要因素。一般来说，实验法通常无法同时保全内在效度和外在效度的高度。如果选择实验室环境进行实验，就可以提高内在的效度，但是实验结果处于小范围的个体实验，无法推广，因此外在效度就会降低；如果选择实地实验，实验范围较大，实验结果具有推广性，但是由于对外来变量和环境控制度低，就会降低内在效度。此外，在传播学的实验中，重大事件或突发事件的发生（例如自然灾害或者瘟疫的发生），以及实验对象的身体发育带来的生理、心理发生转变都会导致实验结果出现偏差。总的来说，虽然研究者在实验过程中要尽量控制实验变量和实验环境的变化，但是这种控制是相对的而不是绝对的，绝对的控制是无法实现的。

（三）分组过程中的随机误差

大部分情况下，社会科学领域的实验对象都是招募而来的，通过随机抽取实验对象的情况很少。因此，即使研究者在分组的时候进行了随机分配，也无法完全消除实验主体的个人特征对实验结果的影响。不同的年龄阶段、受教育水平的对象在实验结果中会有不同的呈现，因此需要对不同群体的人进行反复测量，才能够得到接近真实的实验结果。

三、实验的信度和效度

实验误差在社会科学研究中是无法完全避免的，但是研究者在进行实验设计时应该进行全面考虑，尽可能地减少实验中的误差，以此提高实验结果的信度和效度。那么，什么是实验的信度和效度呢？

（一）信度

信度主要指在用同样的手段对同一对象进行反复测量的时候，产生相同结果的程度。信度较高，就意味着实验测量的可靠性、稳定性和一致性较高。与其他研究方式相比，实验法在信度上具有较大的优势。如果在实验过程中，研究者对测量的变量进行了清晰明确的定义，采用了精确的测量工具和标准化的操作流程，那么实验的信度就会比较高。

对实验信度的检验一般有两种方式。一种是通过重复实验的方法来检测信度。如果发现几次重复实验的结果有较大的差异，则代表实验的信度较低，这时研究者就要考虑是否是测量工具导致了信度的低下。重复实验是测量实验信度最常用的一种方法。另一种方式是在进行多组设计的情况下，通过各组在同一个实验中的差异来检验信度。

（二）效度

在具体的实验研究中，效度指的是测量工具或手段是否反映了被测量概念的真实含义。也就是说，研究者是否在实验中得到了想要的测量结果。比起信度，效度是实验中更为复杂的问题。这是因为，即使一些测量工具经过反复测量是具有稳定性的，但也可能是不准确的，比如坏了的温度计、刻度错误的尺子等。这个时候，就需要进一步对效度进行检验。但是，在实际的实验操作中，要想同时达到高的内在效度和外在效度是很难的。

要想提高实验的内在效度，就要严格控制实验环境和外部变量，从而精确测量实验刺激对因变量的影响。但是，由于加强了对外部因素和环境的控制，实验室环境与社会环境相差甚远，这样就会使得测量结果不具有代表性，从而降低了外在效度。如果要提高实验的外在效度，就要提高环境的真实性和样本的异质性，在这种条件下得出的实验结果才能够对社会的广泛现象进行概括。但是缺少控制并不能阻隔外来变量对实验的影响，因此实验的内在效度就会降低。

由此可见，在实验中要想同时达到高的内在效度和外在效度是很难的。如果研究只能选择保全一种效度，实验研究通常是把内在效度放在首位。因此，实验法多用来对微观层面的效果进行研究。

第四节　实验法的优点和缺点

一、实验法的优点

实验法的优点大致可以概括为四点，即能够验证变量之间的因果关系、易于重复操作、控制能力强、研究花费较少。

（一）能够验证变量之间的因果关系

能够验证变量之间的因果关系是实验法最明显的一个优点。在所有的研究方法中，实验法是唯一可以明确区别自变量和因变量，并通过操纵自变量使它对因变量的作用独立显现出来的方法。倘若经过严密的实验设计研究发现因变量因为自变量的刺激发生了变化，就能证明自变量和因变量之间呈因果关系。

（二）易于重复操作

如上文提到，检验实验结果是否可靠的一个重要标准就是重复实验是否能得到一致的结果。相比于其他的研究设计，实验设计的过程较为规范和精细，加之需要的研究样本相对较少，实验研究比较容易进行重复操作。

（三）控制能力强

实验法的第三个优点是具有很强的控制能力。这种控制能力主要体现在对变量的控制、对实验主体的控制、对研究者的控制，以及对实验环境的控制等多个方面。正因为实验法的这种很强的控制力，才能排除其他因素对实验结果的影响，建立自变量和因变量之间的因果关系。因此，控制能力强对于验证因果关系假设来说具有重要的意义。

（四）研究花费较少

相比于其他的社会研究方法，实验法的花费一般都比较低。原因主要来自两个方面：一方面，实验法需要的研究样本通常会比较少，这无形中为研究节约了大量的经费；另一方面，由于需要严格控制实验环境和外部变量对实验结果的影响，实验的过程一般不会持续太长时间，这也决定了实验的花费不会太多。

二、实验法的缺点

相比其他的研究方法，实验法虽然具有很大的优势，但是它的缺点也同样不可忽视。实验法的缺点可以总结为以下三点。

（一）实验结果可推广性弱

实验法的优点之一在于其控制力强，但控制力强带来的一个问题就是实验结果的可推广性会大大降低。一项研究如果要准确检验变量之间的因果关系，就需要对实验环境和外来因素实施严格的控制。但是，这样严格的控制意味着实验所模拟出来的环境有很强的“人工”性质，这个性质越强，就代表它与“真实”环境相差越远。在一个非“真实”的环境中得出的实验结果很难在“真实”的世界中进行推广。此外，实验法的样本规模一般比较有限，且大部分研究对象都是自愿参加，这些因素同样会导致实验结果很难推广到更大的总体。因此，结果的可推广性较弱是实验法最大的弱点所在。

（二）很难避免实验人员的影响

通过随机分组的方法虽然可以在一定程度上排除研究者的偏见，但是实验者的主观思想是很难在实验中完全被排除的。例如，实验者对结果的期待就有可能导致其有意无意地给实验对象某种暗示，当实验对象接收到此暗示后，就会给予一些迎合实验者期待的反馈，这样就会导致研究结果并不准确的现象发生。

（三）道德伦理和法律上的限制

对于大多数的传播学实验研究来说，研究对象一般都是人。一旦实验研究涉及人，就需要将道德伦理和法律限制考虑在内。在实验中，无论出于什么目的，对实验对象隐瞒真实的实验目的、未经允许观察他人的私密活动、将实验对象长期进行封闭实验等行为都会触及道德伦理和法律问题，研究者需要格外地谨慎小心。

第七章　内容分析法

第三种传播学领域常用的资料收集和分析方法叫作内容分析法。内容分析法最早兴起于20世纪，是一种通过考察文献资料来了解人们的行为、态度和特征，进而发现社会和文化变化趋势的研究方法。在传播学研究中，内容分析法常常用来对传播所显示出来的内容进行客观的、系统的、定量的描述和分析。本章将从概念特征、实施过程、优缺点等几个方面对内容分析法进行系统的介绍。

第一节　内容分析法的概念和特征

到底应该如何准确定义内容分析法？内容分析法又具有什么样的特征？在本节内容中我们将对这些问题进行回答。

一、内容分析法的概念

对于内容分析法，许多学者给出过不同的定义。一个最具代表性的定义来自美国社会学者贝雷尔森。在其著作《内容分析：传播研究的一种工具》中，贝雷尔森认为“内容分析法就是对传播内容进行客观、系统的分析与描述的方法”。这里的传播内容含义较为宽泛。就资料性质来说，包括了任何形态的资料，例如文字、图像、录音、视频等；就资料来源来说，可以是书、杂志、报纸、报告、会议纪要、信件、日记、网页和其他互联网上的内容，也可以是谈话或采访记录、电影、电视、广播节目、音乐、图片、艺术作品等；就分析的侧重点来说，可以着重于传播的内容材料，也可着重于内容的结构，如版面位置、占时间的长短等。总的来说，只要传播内容形式固定，且被记录和保存了下来，就可以进行内容分析。

二、内容分析法的特征

内容分析法的特征总结为三个方面，即系统性、客观性、定量性。

（一）系统性

系统性，指的是内容分析需要遵循前后一致的规则，按照规范的程序处理样本内容。在内容分析的过程中，无论是分析内容的取舍、抽样的方案、测量的方式以及编码和分析的过程都需要具有很高的系统性和规范性。否则，使用不同的评价规则会造成结论含糊不清。

（二）客观性

内容分析法的客观性主要包括两个层次。第一，研究人员不能把个人的看法和偏好加入内容分析的过程中。也就是说，分析结果不能带有任何个人的主观色彩和偏见。如果换一个研究者，只要采用同样的研究设计和过程，得出的结论也应该是相同的。第二，对变量分类的操作性定义和赋值应该是明确且易于理解的，重复同一程序的研究者也能得出同样的结论。

（三）定量性

内容分析法的核心就是将文字、图像、声音等非数量的传播内容转变为可以计算的数字，从而利用统计手段精确地描述信息内容的过程。例如，“在2020年黄金时段电视剧中，60岁以上的老年人有80人，仅占所有人物的4.4%”这一量化结果描述就比“老年人形象较少出现在黄金时段电视剧中”更为精确。就内容分析法的研究过程来说，从抽样方法、数据录入再到数据分析和结果呈现，都是运用量化的思维方法，所以定量性是内容分析法最为显著的特征。

简而言之，系统性、客观性和定量性相互关联，共同构成了内容分析法的主要特征。

第二节　内容分析法的步骤和过程

一、内容分析法的步骤

就具体研究过程而言，内容分析法包含九个基本步骤：(1) 确定研究问题或假设；(2) 确定分析总体；(3) 抽取样本；(4) 选择和限定分析单位；(5) 建立分析类目；(6) 建立量化系统；(7) 进行内容编码；(8) 分析数据资料；(9) 解释研究结果。接下来，我们将对每一个步骤进行讲解说明。

(一) 确定研究问题或假设

和其他研究一样，内容分析法也要注意避免“为研究而研究”的毛病，不能因资料现成、便于列表显示等就进行所谓的“研究”。因此，内容分析法的第一步就是要明确研究的问题和假设。研究者可以根据现有的理论、前人的研究成果、观察到的实际问题等，来确定研究的问题和假设。例如，地方电视台与中央电视台播出的商业广告有何不同？我国主流媒体是如何建构与呈现艾滋病相关议题的？明确研究的问题或假设，能提高内容分析类目的准确性和显在性，也有助于获得更具价值的统计数据。

(二) 确定分析总体

确定分析总体就是要具体地限定所分析内容的各个方面。首先，研究者需要对研究对象制定一个明确的、可操作的定义。如果打算分析的内容是黄金时段播出的电视剧，就要给“黄金时段”下明确的操作性定义。其次，需要确定分析的时间跨度。一般来说，时间段应该足够长，以保证研究对象有充分的发生机会。例如，将上面的研究时段限定为 2020 年 1 月 1 日至 2020 年 12 月 31 日间黄金时段所播出的电视剧。

(三) 抽取样本

在抽取样本的过程中可能会遇到两种情况。一种是研究涉及的总体数量并不大，此情况下就无须进行抽样的过程，可以直接对所有总体的内容进行分析。另一种情况是研究涉及的总体数量庞大，在有限的时间或能力范围内无法对所有的总体内容进行分析。在这种情况下，就需要通过抽样的方式抽取出有效的样本来进行分析。大多数大众媒介研究的内容分析实行多段抽样的方法。多段抽样的过程如下。

1. 对内容的来源进行抽样

多段抽样的第一阶段是对内容的来源或原始资料进行抽样，即明确从哪几家报纸、电视台、网站中选取分析的内容。例如，要研究黄金时段电视台播出的电视剧如何呈现老年人的形象，研究者首先需要从我国所有的电视台中抽取几个代表性的电视台作为样本。一般来说，对内容来源的抽样会采取简单随机抽样的方式。如果内容的来源比较复杂，也可以采取分层抽样的方式。

2. 选择分析样本的起止时间

当研究的原始材料确定后，第二个阶段就是选择分析样本的讫止时间，也就是选择哪一段时间或哪些日期的资料进行分析。讫止时间的选择一般根据研究的最终目的来确定。例如，如果研究的目的是探究《人民日报》的整个历史，那么分析样本的起止时间就是《人民日报》创刊至今所持续的时间。

3. 选取具体的分析样本

在确定了样本的讫止时间后，第三个阶段就是要明确具体的分析样本。在这个阶段，要么是选择既定时间范围内的全部样本单位作为分析样本，要么是通过抽样的方法在既定的范围内选出代表性的样本单位进行分析。因为分析在讫止时间范围内的所有内容，常常工作量很大，所以第一种方式在实践过程中用得相对较少。大多数情况都是使用抽样的方法在既定的范围内选出代表性的样本单位进行分析。

常用的选取分析样本的方法有两种。一种是按自然顺序来进行简单的随机抽样。具体过程为先随机选取一个起点，然后每隔 n 个间隔时日选择一个样本。例如，要分析 2020 年湖南卫视黄金时段播出的电视剧如何呈现老年人的形象，这个时候我们可以选择 2020 年任意一天作为分析的起点，然后每隔 n 天选择一个样本，直至样本量达到需求。但是，需要注意的是，n 一般不能呈现出周期性。例如，如果计划抽取 50 期报纸，用 n=7 作为间隔数，那么所获得的样本可能就会呈现出趋同的特性（如抽出的都是周一或者都是周末的报纸),这会有损样本的代表性。分析样本选取的另一种方法是从样本的每个月的日期中抽样,组成一个"混合周"。例如,从一个月的所有星期一中随机抽取一个星期一,再从所有星期二中随机抽取一个星期二,依次类推,直至选够7天组成完整的一周为止(见图7-1)。

图7-1 混合周抽样

在选取具体分析样本阶段,研究者还会遇到的一个问题就是如何确定样本量的大小。在合理的情况下,当然是样本量越大越好。如果选择的样本太少,研究结果就不会具有代表性。但是如果选择的样本量太大,又会造成分析的任务太重,从而影响研究的进度。那么,到底多少个分析样本是合适的呢?一般而言,样本量的大小通常根据研究现象的发生频率而定。研究现象发生的频率越低,则选取的样本数就应越多;研究现象发生的频率越高,选取的样本数就相对较少。

(四)选择和限定分析单位

当分析样本选取完成后,内容分析法的第四个步骤就是要选择和限定分析单位。分析单位指的是内容分析中实际统计的对象，是内容分析中最重要，同时也是最小的元素。对于文字内容，分析单位可以是一个字、一个词语、一句话、一个段落或者一篇完整的文章或报道。对于视频内容，分析单位可以是一个人物、一个场景、一个镜头或者整个节目等。分析单元的操作定义限定应该清晰而具体，且划分的标准应该是明显且易于观察的。例如，要研究湖南卫视黄金时段播出的电视剧如何呈现老年人形象，分析单位就是电视剧中出现的每一个老年人，操作定义可以限定为年龄在 65 岁以上，或者有灰白头发，面部多皱纹，使用拐杖的老年人。

（五）建立分析类目

建立分析类目是内容分析法的第五步，也是内容分析的关键一步。建立分析类目就是建立分析单元的归类系统。例如，对于一篇新闻报道建立的分析类目通常包括：报道类型、主题内容、消息来源、版面位置、篇幅长短、语言特点等。在建立分析类目时，研究者需要注意以下几点。

首先，一个有效的分析类目系统应具有完备性和穷尽性，能保证所有分析单元都有所归属。和调查问卷的题目选项的涉及范围类似，为了保证分析类目的穷尽性，有时可以用“其他”或“混合”的类目设计来解决问题。例如，对于报道类型的类目可以建立为：(1) 消息；(2) 通讯；(3) 评论；(4) 深度报道；(5) 读者来信；(6) 其他。但需要注意的是，如果在分析的时候发现有 10%或更多的内容属于“其他”或“混合”类目时，就需要重新检查当初的类目。其次，建立的类目系统应具备互斥性。如果某个分析单元可以同时放在两个不同的类目里，那么这个类目系统就是有问题的，因为里面的类目设计不是相互排斥的。在这种情况下，类目系统就需要进行修订。例如，研究者分析汶川大地震时期新闻报道来源构成时如果使用下列类目系统：(1) 政府官员；(2) 消防人员；(3) 救灾人员；(4) 专家学者；(5) 其他。很明显，一个消防人员将会同时属于两个类别(消防人员和救灾人员)，因此该类目违反了互斥性原则，就需要重新修订。最后，一个有效的类目系统应具有可信度。也就是说，不同的编码者对分析单位所属类目的意见应有一致性。这种一致性在内容分析中以数量表示，称为“编码者间信度”。总之，严谨地为类目下定义可以有效提高类目可信度。

（六）建立量化系统

内容分析法的第六步就是在分析类目的基础上建立明确的量化系统。内容分析法中量化系统的建立通常是基于定类、定距和定比三种变量尺度。在定类尺度中，研究者只需简单地统计出分析单位在每个类目中出现的频率即可。例如，研究老年人在黄金时段播出的电视剧中出现的频率，用定类测量尺度就可以得出：在历史剧中出现的频率为40%，在现代爱情剧中出现的频率为8%等。

相比于定类的量化尺度，定距尺度的测量就更加细化，也更有助于增加分析的深度。在使用定距尺度时，研究者可以通过构造量表探讨人物和现象的特性。例如，在研究电视剧中年轻人的形象时，可以设立如下的定距尺度来测量电视剧中呈现的年轻人形象。

非常积极的；积极的；一般的；消极的；非常消极的。

非常拜金的；拜金的；一般的；不拜金的；非常不拜金的。

第三种量化尺度称为定比尺度，多适用于一些空间和时间的计算。例如，在印刷媒介研究中，可以通过计算栏数或者计算每篇文章的篇幅比例来分析某些特定事件或现象，如报纸中社论、广告和新闻报道的特征等；在广播电视研究中，定比尺度通常测量与时间有关的问题，如广告播出的时间长短、电视节目播出的时间总数以及一天中各类节目的播放量等。

（七）进行内容编码

当量化系统建立后，内容分析的前期工作就已就绪。接下来，研究者就可以开始对内容进行编码。内容编码就是将分析单元分配到类目系统中的过程，这是内容分析中最费时、最枯燥乏味的阶段，但同时也是最有意义的部分。研究者在进行内容编码时应做好以下三点。

1. 训练编码员，改进编码计划

实施编码的人员称为编码员。如果分析的内容较少且经费有限，研究者自己一般就是编码员。如果分析的内容较为庞杂，研究者通常会聘用少量编码员协助编码。一项内容分析的编码员一般有 2 至 6 名,因为如果编码员过多就会很难保证编码的效度和信度。此外,为了保证编码的质量,在正式编码之前,研究者通常需安排一定的时间训练编码员。训练编码员一方面有助于他们准确了解类目的界限,从而能够熟练掌握编码程序;另一方面也可以改进不合理的编码计划。

2. 进行前测,检查编码员间的信度

当编码员训练完成后,通常还会实施的一个步骤是进行前测。前测的主要目的就是模拟内容分析的过程,确保所有编码员都已准确掌握编码的技巧和方法。例如,研究者通常会让所有编码员对某一部分的内容同时进行编码分析,从而检验编码员间的信度。如果不同编码员对同一部分内容分析的结果差别较大,就说明编码员之间的分析信度较低。在这样的情况下,研究者就需要考虑重新对编码员进行培训或者重新修正编码表。如果不同编码员对同一部分内容分析的结果差别较小,就代表编码员之间的分析信度较高,便可以开始正式编码。

3. 编制标准化编码表格

为了保证编码工作高效进行,研究者通常还会编制标准化的表格(见表 7-1)来辅助编码过程。编码表格的作用类似于问卷调查中的问卷,编码员在进行编码工作中,可以根据资料内容将相关信息填入标准化的表格。标准化表格一方面可以简化编码的工作,另一方面也便于进行后期的数据统计工作。

(八) 分析数据资料

编码完成后,就意味着文字、图像、声音等非数量的传播内容已经被转变为可以计算的数字。那么,接下来的第八个步骤就是分析数据资料。内容分析的数据分析一般借助 SPSS 统计软件来进行。因此,在编码完成后,需要把编码录入计算机,形成数据文档。内容分析法常使用的数据分析方法有描述性统计和推论性统计两种。描述性统计包括计算百分比、平均值、众数和中位数等;推论性统计主要用于假设检验,包括进行方差分析、卡方分析、相关分析和回归分析等。下面是内容分析统计结果的示例(见表 7-2、表 7-3)。

表 7-1 编码表格示例图

关于新冠肺炎疫情新闻报道内容的编码表格(节选)

编码员姓名：____________

1. 所属报纸：____________

2. 新闻标题：____________

3. 报道日期：____________

4. 版次：____________

5. 报道对象属地：

○ 湖北地区
○ 非湖北地区

6. 报道主题：

○ 疫情报道
○ 疫情救助报道
○ 关于疫情的反思

编码序号：____________

7. 报道类型：

○ 消息
○ 通讯
○ 评论或述评
○ 深度报道
○ 观众来稿、解答信箱
○ 科普信息、资料、文摘
○ 其他

8. 信息来源：(可多选)

○ 政府官员
○ 专家学者
○ 医护人员
○ 普通民众
○ 公众人物
○ 新闻工作者
○ 志愿者
○ 匿名来源
○ 其他

9. 报道基调：

○ 积极/赞扬
○ 客观/中立
○ 消极/批评

表 7-2 2020 年黄金时段电视剧人物的年龄与性别分布(单位：人)

年龄组	青少年儿童(0—18 岁)	青年人(19—40 岁)	中年人(41—60 岁)	老年人(大于 60 岁)	总人数
男性	50	382	415	37	884
女性	38	403	351	46	838
总人数	88	785	766	83	1 722

表 7-3 2019 年报纸上艾滋病报道整体语气的分布(共 678 篇)

语气	《人民日报》	《河南日报》	《北京青年报》	《南方周末》	总　体
正面	16.7%	5.4%	29.0%	60.9%	25.3%
中性	83.3%	94.6%	69.7%	39.1%	74.2%

续表

语气	《人民日报》	《河南日报》	《北京青年报》	《南方周末》	总　体
负面	0	0	1.3%	0	0.5%
合计	100%	100%	100%	100%	100%

（九）解释研究结果

内容分析法的最后一个步骤就是要对数据分析的结果进行合理解释。具体来说，如果研究目的是进行描述分析，那么就需要对描述分析结果的含义和重要性进行阐释。如果研究的目的是检验变量之间的假设，那么就需要解释说明假设成立或不成立的原因和意义。例如，一项关于黄金时段播出的电视剧的内容分析显示，在所记录的1 800人中，60岁以上的老年人有60人，占3.3%。这是数据分析的结果，但是，如果我们的分析只停留于此，读者就很难知道3.3%意味着什么。因此，研究者需要对这个结果进行解释说明，如将该比例和现实生活中老年人数在总人数中的比例进行对比，从而提出自己的观点和结论。

以上就是进行内容分析的九个主要步骤。总的来说，内容分析的大部分程序和问卷调查研究的程序类似。主要的不同在于，问卷调查法的研究对象是“会说话”的人，而内容分析的研究对象是“不会说话”的文献资料。

二、内容分析的信度与效度

在内容分析法的使用过程中，信度和效度是非常重要的概念。只有保证了分析的信度和效度，内容分析的结果才具有说服力，也才有意义。那么，如何提高内容分析的信度和效度呢？

（一）信度

信度，通俗地讲就是测量的可靠度。如果一项研究的信度较高，那么在不同的境况下，采取同样的方法对同一对象重复进行测量，得到的结果也应该是相似的。如果一项研究的信度较低，就说明该项研究的程序或测量可能存在着某些问题。这些问题可能和编码规则有关，也有可能和编码员有关，还有可能和类目的建立有关。在内容分析实践的过程中，怎样才能确保研究拥有较高的信度呢？可以有以下三种方式。

第一，在建立分析类目的时候，尽可能地将类别的操作性定义和边界界定得详细明确。只有这样才能最大程度地排除编码员在编码过程中的误解，从而提高编码的准确性。第二，当研究需要多位编码员一同进行分析时，务必做好编码员的培训，保证所有编码员能准确无误地掌握编码的目的、规则、程序，进一步消除编码员在编码过程中可能存在的问题。第三，进行试测时，反复测量编码员间的信度。如果编码员间的信度较低，就要重新对编码员进行培训或者重新修正编码表，直至编码员间的信度提高到可接受的范围内才可进行正式编码。在内容分析中，常使用编码者的编码一致率来检验信度。一般来说，编码的一致率如果低于70%，则认为该内容分析的信度较低，需要重新对编码员进行培训或修正编码表。

（二）效度

内容分析的另一个重要指标就是效度。效度指的是测量的准确程度，即测量的结果是否准确、真实反映了事物和现象的特征。在内容分析实践的过程中，除了保证抽样设计的合理性之外，还要准确地进行概念定义。只有将研究中所涉及变量的内涵和外延进行了准确的把握，才能保证内容分析的有效性。例如，分析电视台在黄金时段播出的电视剧是如何呈现老年人形象的，这其中一个重要的概念就是“老年人”，那么头发花白的是不是老年人？拄着拐杖的是不是老年人？或者年纪大于60岁的算不算老年人？对老年人的定义不同，内容分析的结果也就不同。因此，要保证内容分析的效度，就要对研究中涉及的每一个概念进行恰当、准确的定义。

总的来说，要保证内容分析结果的信度和效度，研究者一方面要严格遵守内容分析的每一个步骤，另一方面也要尽可能对研究中涉及的概念和类目进行恰当、准确的定义。

第三节　内容分析法的优点和缺点

与其他数据收集和分析的方法一样，内容分析法既有优势，也有局限。接下来，本节将对内容分析法的优缺点进行简要讨论。

一、优点

（一）允许误差校正

内容分析法的第一个优点在于可以允许研究者进行误差校正。上文提到，内容分析法的研究对象是已经保留下来的客观资料。这就意味着，无论对研究对象进行多少次的分析，这些研究对象都是客观存在且不会被“打扰”而受影响的。因此，当研究者发现在内容分析的过程中某些因素导致了结果存在误差时，可以选择重复整个内容分析的过程，对误差进行校正。

（二）样本获得方便经济

内容分析法经常是在读学生最常采用的一种量化研究方法，其中最重要的一个原因就是其样本获得方便经济。内容分析的对象一般是那些已经保存下来的、公开的文献资料，相比于调查法和实验法，内容分析法获得研究样本的途径就会比较容易和经济。此外，内容分析法一般不需要大量的调查员进行数据的采集和录入工作，因此研究的人力成本、时间成本都会比较少。

（三）便于进行趋势和变迁研究

由于多方面因素的限制，大多数的实验研究和问卷调查研究都属于横截面的研究，旨在了解某一时间“点”上人们的行为、态度、观念。而内容分析法的第三个优点就是便于研究“一段时间”内发生的事情，进而可以分析研究对象的趋势和变迁。例如，可以通过对1990—2010年的《纽约时报》的报道内容进行分析，从而探究《纽约时报》对中国报道的主题的影响。

二、缺点

（一）研究内容局限

研究内容有所局限是内容分析法的一个主要的缺点。这种局限性主要体现在两个方面。一方面，内容分析法的研究对象局限于那些已经保存下来或者能够保存下来的传播内容，对于那些无法保存或者记录下来的内容，是没有办法通过内容分析法进行分析的。例如，我们想要了解微博上过去一年的热门发帖的内容，由于微博一般只能搜索到过去一周或过去一个月的发帖记录，这时如果要采用内容分析法就很难继续。另一方面，内容分析法的研究内容局限于那些传播过程中谈及的内容，对于一些在传播过程中很少涉及的内容，是无法进行内容分析的。例如，研究中国电视剧中如何表现爱斯基摩人的形象就较为困难，因为我国的电视剧中很少有爱斯基摩人的形象出现。

（二）研究结论受制于所使用的定义和分类架构

内容分析法的第二个缺点是研究结论受制于所使用的定义和分类架构。不同的研究者可能使用不同的定义和分类来说明同一个概念，因此，不同的研究者得出的结论可能也会有所不同。例如，当我们对手机沉迷的症状进行研究时，部分研究者把手机的过度使用作为手机沉迷的重要症状之一，而有些研究者却将手机的过度使用排除在外，这就导致了两次内容分析研究的结果不一样。因此，在对不同的内容分析结果进行比较时，要特别谨慎小心。

（三）内容分析不能作为说明媒介效果的唯一依据

传播效果的研究是传播学领域主流的研究方向之一，但是，单独的内容分析结果一般不能用来评价传播内容对于受众的影响。例如，对某一时段网络综艺节目的内容分析显示，90％的这类节目中都有整形广告。但是研究者不能根据这一研究结果就认为，受众看了这些网络综艺节目就会去整容，因为内容分析的目的是对传播内容进行描述，很少能够解释因果的关系。因此，如果研究需要检验传播的效果，那么在内容分析法的基础上，通常需要配合问卷调查等研究方法。

第八章　质化研究方法

本书第十章之前主要介绍的是量化研究的数据收集与分析方法。但是，在传播学研究中，还有另一类研究方法也受到众多传播学学者的关注和重视，那就是质化研究方法。为了帮助读者对传播学研究方法有一个全面的认识，本章将对质化研究方法进行简要介绍。

第一节　质化研究方法基础

质化研究(Qualitative research)，又称为定性研究或质性研究，是一种通过特殊的方法获得人们想法、感受等较深层反应的信息，从而探索现象背后的意义，判断事物性质的研究方式。作为一种探索性研究的类型，质化研究很少采用概率性抽样的方法对大规模样本进行研究，而常采用非概率抽样的方法，根据某一研究目的，寻找具有某种特征的小样本人群进行调查。由于受到阐释主义方法论范式的影响，质化研究的优势在于可以对一个又一个具体的现象与案例进行解释性理解。但缺点也很明显，即结果通常不具有客观性和可重复性。

随着整个社会科学的研究范式越来越多元化，质化研究方法已成为60年代以来传播学研究中一类重要的方法，大量学者都在运用其来开拓传播学研究的新领域。一般来说，质化研究主要应用于以下四个方面。

(1) 探索和形成关于研究课题的假设。对于一个相对较大的研究项目来说，质化研究通常会作为量化研究的先前步骤，用来对研究现象进行前期的摸底调查。研究者通过质化研究的调查结果，能更好地完善研究模型和形成研究假设。

(2) 解释量化研究的结果。在进行量化研究时，研究者会发现量化研究的结果有时会和预期有很大的不同。这些不同的结果有的可以通过现有的理论和知识进行解释，而有的却很难去解释。在这个时候，研究者可以采用质化研究的方法重访研究对象，探寻“特异”结果产生的原因。

（3）发现新的想法和新的知识。质化研究可以用于探索那些研究者自己还不知道或不了解的有关目标人群的语言、行为、态度、想法等。

（4）收集原始资料。和量化研究一样，质化研究也是一种收集一手资料的方法。

在风笑天老师所著的《社会研究方法》一书中，质化研究被分成了两大类型。一类是“实地类”的质化研究，主要以实地观察、深度访谈、焦点小组访谈为代表。实地研究是质化研究中最重要，也是最具有代表性的类型。另一类是“文本类”的质化研究，主要以文本分析、话语分析、历史比较研究为代表。本章目前仅对质化研究中最常用的几种类型进行介绍。

第二节　质化研究的资料收集

质化研究的类型有很多种，相应的资料收集的方式也有很多种。本节主要介绍质化研究中最主要的四种收集资料的方法：实地观察、深度访谈、焦点小组以及二手资料分析。

一、实地观察

（一）实地观察的概念和类型

在我们的日常生活中，无时无刻不在进行着观察。但是与人们无目的的日常观察不同，质化研究中的实地观察是研究者有目的、有计划地对研究对象行为的直接察看，从而收集和记录研究对象日常生活信息的一种研究方法。在实地观察的过程中，除了需要利用人的感觉器官（如眼睛、耳朵）以外，还经常借助科学的观察仪器（如相机、录音笔）将观察对象准确、详细地记录下来。

质化研究中的实地观察可以分成参与式观察与非参与式观察两种类型。在参与式观察中，观察者具有双重身份，既是研究者又是参与者。观察者需要和被观察者一起生活、工作，在密切的相互接触和直接体验中倾听他们的想法和观察他们的行为。参与式观察的情境相对比较自然，观察者不仅能够对当地的社会文化现象得到比较具体的感性认识，而且可以深入到被观察者文化的内部，了解他们对自己行为意义的解释。非参与式观察不要求研究者直接进入被观察者的日常活动。观察者通常置身于被观察的世界之外，作为旁观者了解事情的发展动态。在条件允许的情况下，观察者可以使用录像机对现场进行录像。非参与式观察的优点是研究者可以通过一定的距离对研究对象进行比较“客观”的观察，操作起来也比较容易些。但是非参与式观察的缺点也很明显，由于与观察对象需要隔着一定的距离，研究者较难对研究的现象进行比较深入的了解。

此外，根据观察过程是否连续，实地观察还可以分为连续性观察和非连续性观察两种类型。连续性观察指的是在一定时期内，围绕某一调查目的，对相同的被观察对象做多次观察的方法。连续性观察有两种形式：一种是定期连续性观察，即按一定的时间周期进行观察。例如，每周一次、每月一次或每季一次；另一种是不定期观察。例如，常派一些人到某地进行观察，观察可以一周一次，也可以一月一次，甚至几年一次。连续性观察适用于动态性事物的观察。非连续性观察是一次性的观察调查，时间长短不一，可以是一月或数月，也可以是一天或一周。非连续性观察适用于观察非动态性的事物。

（二）实地观察的基本原则

在实地观察实施的过程中，研究者或实施观察的人员需要遵循五个基本原则：(1) 客观性原则，即不可让观察者的主观态度和倾向影响观察的过程和内容；(2) 全面性原则，即在观察的过程中要避免以偏概全的问题；(3) 深入性原则，即要避免浮于表面的观察；(4) 持久性原则，即观察需要持续一段时间，忌根据某时某刻观察到的现象得出结论；(5) 法律和道德原则，即无论出于何种研究目的，观察的过程必须遵循国家的法律法规和社会的道德原则，切不可无底线、无约束地进行观察。

（三）实地观察的操作过程

在实地观察的实施过程中，研究者需要特别重视以下四个方面的内容。

1. 制定观察计划

观察的目的和问题确定以后,一个重要的步骤就是要制定一个初步的观察计划。一般来说,观察计划应该包括四个方面:第一,明确观察的内容、对象、范围、地点;第二,计划观察的时刻、时间长度、次数;第三,确定观察拟采取的方式和手段,即采用什么方式(隐蔽或公开、参与式或非参与式)、什么设备进行观察;第四,设想可能遇到的伦理道德风险。

2. 设计观察提纲

观察提纲是实地观察实施过程中一个重要的工具,可以引导观察者进行更有效、更有意义的观察。观察提纲的设计应该依照可观察原则和相关性原则进行,确保提纲里的问题是能够通过观察得以回答,且和研究主题相关的。观察提纲的内容一般包括以下表 8-1 所示的六个方面内容。

表 8-1 观察提纲包含的内容

谁?	有多少人在场? 他们是谁? 他们在群体中各自扮演的是什么角色? 谁是群体主导者? 谁是追随者? ……
什么?	发生了什么事情? 他们说/做了什么? 他们说话/做事时使用了什么样的语调和形体动作? 他们有什么特殊表现? 不同参与者在行为上有什么差异? ……
何时?	有关的行为或事件是什么时候发生的? 这些行为或事件持续了多久? 事件或行为出现的频率是多少? ……
何地?	这个行为或事件是在什么地方发生的? 这个地点有什么特殊之处? 这个行为或事件与其他地方发生的行为或事件有什么不同? ……

续表

如何?	这件事是如何发生的? 事情的各个方面相互之间存在什么样的关系? 有什么明显的规律? 这个事件是否与其他事件有所不同? ……
为什么?	为什么这些事情会发生? 促使这些事情发生的原因是什么? 人们对于发生的事情有什么不同的看法? 人们行为的目的、动机和态度是什么? ……

3. 记录观察的过程

记录在观察中占有十分重要的位置,是观察中一个必不可少的步骤。在进行观察时,研究者除了可以使用自己的眼睛、耳朵、鼻子等感觉器官以及其他仪器设备(如录像机、录音机)外,还可以用“笔”对观察的内容进行记录。这里的“笔”可以是传统意义上的笔(如钢笔、圆珠笔),也可以是电脑等新兴记录工具。

记录的基本原则是准确、清楚和条理。通常的做法是:在记录的第一页上方写上观察者的姓名、观察内容的标题、地点、时间,然后在笔记本的每一页标上本笔记的标号和页码。笔记的段落不宜过长,每当一件新的事情发生、一个不同的人出现在现场、一个新的话题被提出来,都应该重起一个段落。

4. 反思观察到的信息

在实地观察的过程中,还有一个不可缺少的内容就是要反思观察到的信息。也就是说,研究者除了对看到和听到的“事实”进行描述以外,还应该反思自己是如何看到和听到这些“事实”的,个人的思维方式是否影响到了观察的内容,记录是否客观准确,是否在观察的过程中出现了有违伦理道德和研究规范的问题等。这种反思活动可以在上面介绍的观察记录中的“个人笔记”“方法笔记”“理论笔记”部分进行,也可以通过事后写备忘录的方式进行。

(四) 实地观察的优点与缺点

实地观察法具有其他数据收集方法不具备的优点。第一,实地观察是在自然真实的环境中进行研究，被研究者的行为一般不会受到干扰，因此收集的数据更加客观真实。第二，实地观察可以作为研究的“先导部队”，收集研究的基本背景信息和一手数据，帮助构建理论假设和界定变量。例如，研究者想要研究一项健康运动如何影响大众的健康行为改变，就可以对该健康运动的整个过程和结果进行实地观察，来厘清其中的一些重要变量。第三，实地观察可以接近其他研究方法难以接近的群体。这些难以接近的群体，包括犯罪群体、吸毒群体、艾滋病病毒携带群体等特殊群体，也包括婴幼儿等具有语言行为障碍的群体。第四，实地观察也是一种花费较小的研究方法。在大多数情况下，只需要少量的研究者和一些录音记录资料即可。

当然，实地观察也存在一定的缺点。首先，实地观察的样本存在代表性不足的问题。由于实地观察的样本一般不是通过随机抽样而选出，且样本数量相对比较小，因此得出的结果可推广性通常较差。其次，实地观察的结果解读常常会受到观察者本人主观判断（包括情感判断、价值判断）的影响。最后，实地观察本身也有可能影响被观察者的行为。一旦被观察者发现其处于被观察的环境中，其表现出来的行为可能和真实情况不一致。

二、深度访谈

当研究者想要了解的事件或者传播现象无法通过实地观察实现时，就可以选择采用深度访谈的形式。因此，本书将要介绍的第二种质化资料收集方法就是深度访谈。

（一）深度访谈的概念和特点

深度访谈是研究者通过口头交谈等方式从被访者那里收集第一手资料，从而了解社会事实、行为态度、动机情感的一种研究方法。深度访谈作为一种研究方法不是轻松随便的“聊天”，而是一种带着明显目的性和一定规则的研究性交谈，其交流风格和结构与日常谈话有很大不同。深度访谈具有如下六个特点。

第一，深度访谈是一种直接的、一对一的访问。研究者通过一对一的访谈和受访者进行对话交流，直接获取所需信息。

第二，样本量较小。和量化研究不同，深度访谈的样本量一般比较小。无论是 10 个样本还是 100 个样本，只要样本所提供的信息在研究范围内达到饱和即可。

第三，访问时间长。所谓深度访谈，就是要深挖受访者内心深处的认知、情感、价值观。因此，深度访谈的时间一般会比较长，多为半个小时以上。但要注意，如果访谈持续时间过长，在访谈中应留有休息时间。通常可以一个小时左右休息一下，谈点别的事情，活跃一下气氛。

第四，对访谈技巧的要求高。对于深度访谈来说，访谈人员本身即是收集数据的重要载体。访谈技巧（例如追问、打探的技巧）的高低直接决定了能否及时有效地获得全面深入的信息，因此深度访谈法对研究者访谈技巧的要求较高。

第五，适用于探索较为复杂和较为敏感的议题。得益于深度访谈一对一的采访形式，研究者可以和受访者针对一些复杂性和敏感性问题进行深入的探讨。

（二）深度访谈的类型

根据访谈形式的不同，深度访谈大致可以分为三种类型：结构式访谈、无结构式访谈、混合式访谈。

结构式访谈，又称为封闭式访谈。在结构式访谈中，研究者按照提前设计好的、具有一定结构的采访问题来进行访谈。在结构式访谈中，访谈的程序、采访的问题、提问的顺序以及记录的方式都是标准化的，采访员不可随意更改，受访者也只能根据提问来进行作答。

无结构式访谈与结构式访谈的形式刚好相反。无结构式访谈，又称为开放式访谈。在无结构式访谈中，一般没有固定的访谈问题，研究者只要大致确定一个题目与访谈内容，然后与受访者自由交谈即可。因此，无结构式访谈的访谈者只是起到一个辅助的作用，目的是让受访者自由地、没有限制地发表他们对待某一问题或现象的态度和看法。

混合式访谈是居于结构式访谈和无结构式访谈之间的一种访谈形式。在混合式访谈中，访谈的内容和题目由研究者预先进行初步设定，但是在采访的过程中，采访人员也可以根据实际情况对采访题目进行增减，对提问顺序进行调整。相对于上面两种访谈方式，混合式访谈一方面能保证访谈的方向和内容围绕研究的主题进行，另一方面又具有一定的灵活性，因此在传播学的研究实践中，混合式访谈是运用最多的一种深度访谈形式。

（三）深度访谈的操作流程

深度访谈的操作流程大致包括：界定研究问题和概念、设计访谈提纲、实施访谈、专业录音内容、分析资料以及撰写访谈报告等。在这个过程中，研究者需要特别重视以下四个部分的内容。

1. 设计访谈提纲

访谈提纲有时也被称为访谈进度表，是一份研究拟提出问题的清单。对于大多数深度访谈来说，访谈提纲的设计是极其重要的一个步骤。深度访谈的提纲设计主要是按照主题来进行，即根据研究的目的和范围确定访谈的关键主题，有多少个主题就要设计多少类的问题，然后每一类问题由若干个小问题构成一个问题丛，这些子问题从多个不同的角度来解剖和回答同一个核心问题。但是需要注意，此类采访提纲适用于经验丰富的采访人员，因为需要采访人员运用自己的能力将这些问题在采访过程中串联起来。对于一些没有经验的采访人员，采访提纲还需要进一步细化，通过剧本的方式把所有问题串联起来。此外，一份完整的采访提纲还应包括采访的步骤、可能遇到的问题及解决的办法、采访前需要携带的器材等。

2. 注意提问的技巧

作为采访人员，在访谈的过程中一定要注意提问的技巧，让受访者轻松自如地说出自己的观点和看法。首先，采访过程中要避免简单的问和答，采访人员应在适当的时候巧妙地运用追问的方法对前面某一个观点、概念、词语、事件、行为进一步探寻。其次，注意提问的顺序。一般来说，提问的顺序应该由浅入深、由简入繁。也就是说，在提问的时候通常要从简单的问题开始提问，争取受访者的配合，然后再进入“复杂”深入的问题。这里的“复杂”深入的问题不一定指内容上的艰深或语句上的复杂，而更多地是指对受访者来说比较难以启齿，涉及个人隐私、政治敏感话题等。再次，采访者在提问的时候要注意访谈问题之间的内在联系。采访人员要根据受访者的回答以及问题之间的内在逻辑，阶梯式地依次进行提问。最后，尽量使用当地语言（方言）进行提问。在一些少数民族地区进行深度访谈，使用方言可以拉近和受访者之间的距离，提高访谈的质量。

3. 注意倾听

在深度访谈的过程中，访谈者不仅需要关注提问，更需要学会倾听，因为“听”的过程决定了“问”的方向和内容。倾听过程中有两个基本原则：第一，不要轻易打断受访者的谈话。不轻易打断受访者的谈话是对受访者最起码的尊重。哪怕在访谈的过程中访谈者听到了自己感兴趣并希望继续追问的话题，也不应该立刻打断对方，而应该等待时机，在对方谈话告一段落时再对这些话题进行追问。第二，要学会容忍沉默。如果访谈进行得比较顺利，但受访者在谈到某问题时突然沉默下来，这很可能是因为其需要一定的时间来思考问题，或者考虑用什么方式将自己的想法说出来。在这种情况下，访谈者应该耐心地等待，不要为了打破沉默而立刻发问。如果访谈中的沉默是由于受访者不好意思或者胆怯，这时应该采取措施（如讲一个笑话、闲聊一下）等对方放松下来后再继续进行访谈。

4. 给予有效回应

在访谈过程中，采访人员不仅仅是“提问的机器”，更应该是对话交流的主动参与者。因此，访谈中的互动就十分重要。访谈人员要将自己的态度、意向和想法及时传递给对方，从而引导受访者更自在地说出自己的观点和看法。有效的回应有三种形式：第一种是表达认可。在采访过程中，采访人员应实时通过言语（如“真好”“是的”等肯定性言语）或者肢体语言（如点头、微笑）对受访者的回答表示认可，从而鼓励受访者更多地发表认识和看法。第二种是自我暴露。在谈及一些敏感性的问题时，为了避免受访者因为不好意思或者担忧而不愿意表达自己真实想法的情况发生，访谈人员可以根据自己的有关经历或感受谈一谈自己的看法，进而拉近自己与受访者的距离，减轻其担忧。第三种是重复，即访谈者将受访者所说的事情重复一遍，目的是引导对方继续就该事情的具体细节进行陈述，同时检验自己对这件事情的理解是否准确无误，这种回应形式有时会引出被访问者说出很多细节内容。

（四）深度访谈的优点与缺点

深度访谈最大的优点在于它可以提供丰富详尽的细节材料。通过一对一的深度访谈,研究者可以深入了解受访者内心真实的看法。特别是对于一些敏感议题的探讨,深度访谈可以帮助研究者获得更为准确和真实的信息。但是,深度访谈也存在一定的缺点。一方面,深度访谈的对象一般采用的都是非随机样本,这就导致深度访谈的结果不具有普适性,很难进行大面积推广;另一方面,深度访谈的时间成本和经济成本都比较高,后期进行数据分析需要的人力成本也比较高(见图 8-1)。

图 8-1 深度访谈

三、焦点小组

本书介绍的第三种常见的质化资料收集方法是焦点小组法。

(一)焦点小组的概念和特点

从数据收集的方式上来说,焦点小组也属于访谈的一种类型。但是不同于一对一的深度访谈,焦点小组是研究者或者一个经过训练的主持人同时对一群人进行访谈,从中获取一些深度信息的研究方法。由于焦点小组的参与者是一个群体,而不是一个人,所以研究者除了可以和被访者进行互动获取信息外，还可以充分利用群体成员之间的互动关系对讨论内容进行相互补充和相互纠正，从而进行比较深入的探讨。因此，好的焦点小组访谈往往比个别访谈更具有深度和广度。总的来说，焦点小组有如下五个特点。

第一，就参加的人数来说，焦点小组的参加人数一般控制在8到12人。如果参加焦点小组讨论的人数太少，人员之间就很难形成互动，也难以激发群体智慧；如果参加焦点小组的人数太多，就很难控制访谈的节奏和氛围，还容易产生某种“团体压力”，不利于成员表达真实的想法。

第二，就成员构成来说，焦点小组的参与人员一般要具有一定程度的同质性，如在社会经济特征上类似，在人口统计学情况上类似，在与研究有关的经历上类似等。之所以要求参与人员具有同质性，就是为了避免在讨论过程中因为观点认识偏差太大引发冲突和矛盾。因此，焦点小组在访谈进行之前一般会预先筛选参与者。

第三，就访谈时间来说，一个焦点小组的持续时间约为1—3个小时，一般在2个小时左右。时间太短，无法进行深入的讨论；时间太长，参与者又会产生倦怠的情绪，不利于讨论进行。

第四，就主持人作用来说，主持人是整个焦点小组访谈的控制者。焦点小组讨论的问题启发、引导及转换均由主持人视情况而定，主持人在焦点小组访谈过程中至关重要。

第五，就访谈环境来说，焦点小组访谈的环境应该是轻松且让人放松的。在这样的氛围中，能够让参与人员毫无保留地发表自己的观点看法，形成头脑风暴。

（二）焦点小组的操作过程

焦点小组的操作流程大致包括确定研究问题和概念、制定焦点小组访谈的目标、确定实施的时间和地点、征募参加者、拟定主持人提纲、会前准备、实施小组访谈、记录整理资料以及撰写总结报告等。在这个过程中，研究者应重视以下内容。

1. 把握主持人角色

在焦点小组访谈的过程中，主持人起着至关重要的作用。一名优秀的焦点小组主持人不仅是提问者、中介人，同时也是辅助者、协调人。在焦点小组研究的实践中，主持人有时是研究的负责人，有时是研究者聘请的其他人员。无论是谁，焦点小组的主持人都应尽力做到：第一，做好讨论的引导。例如，当讨论刚开始或中途沉默的时候，主持人要学会引导参与者积极参加讨论；当讨论偏离议题的时候，主持人要适时干预，引导讨论回归主题。第二，创造良好的讨论氛围。作为一名主持人，要努力营造良好的、开放的、轻松的讨论氛围，鼓励每一位参与者都能真实地发言、积极地参与讨论。此外，主持人也要在焦点小组讨论的过程中创造公平讨论的环境，平等地对待每一位参与者，尊重每一位参与者的发言权，不要让少数几个人统治讨论的过程。第三，把话语权交给参与者。主持人在焦点小组讨论的过程中要摆正自己的位置，多观察、多聆听、少说话，尽可能将谈话的主动权交给参与者，让参与者互相之间多沟通交流（见图 8-2）。

图 8-2　焦点小组访谈

2. 确定焦点小组数量

对于一项焦点小组访谈来说，到底选取几组受访者进行访谈是需要考虑的问题。如果只使用一个焦点小组进行访谈，就很难判断讨论得出的结果是否具有普遍代表性。因此，为了提高样本的代表性，焦点小组的数量一般至少是两组。通过比较不同焦点小组对议题讨论的结果，可以找出其中的相同之处和不同之处，从而得出更具有代表性的结论。

3. 注意讨论环境

在访谈开始之前，研究者应该事先选择焦点小组访谈的地点。通常来说，焦点小组访谈应选择在专业的会议室中进行，这是因为专业的会议室一般会配备录音、录像、话筒等需要的设备。如果没有专业的会议室，有时也可在教室、酒店、咖啡厅等地点进行。此外，访谈地点内部座位的安排也十分重要，在条件允许的情况下，座位应该尽量环绕一周排列，以体现所有在场者都是平等的，彼此不分高低。

4. 避免团体压力

在焦点小组访谈过程中，经常会遇到的一个问题就是容易形成团体压力，导致那些和多数人意见不一致的参与者由于团体压力而不愿意真实地表达自己的想法和观点。这种现象对于焦点小组访谈来说是非常不利的。要解决这个问题，除了主持人进行有效引导外，研究者也可以在讨论正式开始前，建议每一位参与者作一个简短的自我介绍，待每个人都有机会发表自己的看法以后，再放开讨论。

（三）焦点小组访谈的优点与缺点

与其他方法相比，焦点小组访谈的优点在于：首先，焦点小组访谈可以通过群体成员相互之间的互动对研究的问题进行深入探讨。通过这种协同刺激，研究者可以获得更加多元和丰富的数据资料。其次，焦点小组访谈的形式较为灵活，主持人和参与人员都有很大的自由发挥的余地，可以对重要的观点和信息有针对性地深入讨论。最后，焦点小组访谈在操作上较为省时省力。由于进行一次焦点小组访谈，就相当于同时访谈了 8—12 个人，因此相比于一对一的深度访谈来说，焦点小组访谈所需的时间比较短。

焦点小组也具有一些缺点。例如，焦点小组对于主持人的素质要求比较高，其讨论结果的好坏很大程度上依赖于主持人的访谈技巧，因此主持人能力的高低可能会导致研究的结果出现较大的偏差。此外，焦点小组访谈每次涉及的受访者较多，与个别访谈相比，主持人对被访谈者的控制难度较大，可能会导致获得的数据较为庞杂和凌乱，给后期的资料整理和数据分析带来一定的困难。

四、二手资料分析

本书介绍的第四种常见的质化资料收集方法是二手资料分析法。

（一）二手资料分析的概念和分类

二手资料分析是指把那些由于其他目的而收集的资料进行质化分析的方法。这些资料可以是历史文献（如传记、史料），也可以是现时记录（如日记、作业）；可以是文字资料（如文件、政府报告），也可以是影像资料（如照片、录像、录音、电影）。二手资料分析的目的主要是通过不同的研究视角和研究方法对他人收集的资料进行分析，从而回答某些新的研究问题。

二手资料可以分为三类：个人资料、官方资料和大众传媒资料。个人资料通常是那些与个人生活相关的资料，包括被研究者个人所写的东西，如日记、信件、自传、传记、个人备忘录等。在个人所有资料中，日记是最能够获得相对"真实"信息的来源。通过对日记内容的分析，研究者可以了解当事人是如何看待周围世界的。此外，日记通常是当事人按照时间顺序进行记录的，因此可以从中了解过去发生的某些事情的来龙去脉。但一般来说，类似日记这种个人资料具有较高的私密性，所以较难得到。官方资料通常指的是那些用来为公众服务的资料，包括那些由各级政府部门颁发的证件和文书，各级官方组织机构提供的数据报告等。在分析官方资料时，要特别注意资料的保密级别。大众传媒资料指的是报刊、电影、电视、书籍、网络等各类媒体机构提供的内容资料和数据资料，例如，报纸版面内容、电视收视数据等。在收集和使用这类资料时，研究者应该特别注意信息提供者的角度、动机和导向性。

（二）二手资料分析的操作过程

二手资料分析的操作流程大致包括确定研究问题和概念、收集合适的二手资料、整理资料、分析资料以及撰写总结报告等。在这个过程中，以下三个部分的内容需要研究者重视。

1. 注意收集资料的方式和方法

在进行二手资料收集的过程中，对于收集的方式和方法一定要谨慎小心。无论是官方资料还是个人资料，研究者要把握的最重要的一个原则是：收集资料必须获得当事人的同意。如果资料所属者不同意提供相关资料，研究人员应尊重资料所属者，切不可采用不合时宜的手段获得资料。如果所属者提出了资料保密的要求，研究者在资料分析和研究结果发表的过程中也一定要遵守保密的承诺。

2. 注意二手资料的时效性

二手资料大多数情况下都不是当下的时鲜资料，其发表和公开的时间远远早于收集的时间。因此，对于分析一些当下的传播学问题，要谨慎使用这些二手资料。如果必须使用和分析二手资料，研究者也要尽力去收集那些日期靠近、更具有时效性的资料。

3. 注意二手资料的可靠性

在分析二手资料之前，研究者应对收集到的资料进行可靠性评估，即对资料是否值得信赖进行客观的判断。判断的结论可以请相关专家做出鉴定，也可以从数据的来源进行判断。一般来说，来自政府官方机构的资料可靠性会比较高，而来自一些商业媒体或机构的资料可靠性可能会稍低。此外，对于一些匿名发表的个人数据资料，研究者也需要抱有怀疑态度。

（三）二手资料分析的优点与缺点

与其他方法相比，二手资料分析最明显的优点是省事、省钱和省时。在大多数情况下，研究者无须花大量的时间、精力进行资料的收集，也无须大量的人员参与调查分析的过程，因此二手资料分析受到了大量传播学学者的喜爱。其次，二手资料分析还特别适用于比较研究和具有时间跨度的研究。例如，对过去十年媒体素养研究相关文献的分析，可以了解学界在媒体素养研究领域的发展趋势。

当然，二手资料分析的缺点也比较明显。如上文所述，二手资料的时效性普遍较差。对于分析一些当下的传播学问题，研究者要谨慎使用。此外，二手资料的适用性也不够强。对于传播学研究的某些问题（例如效果研究），研究者很难找到合适的二手资料来进行分析论证。

第三节　质化资料整理与分析

和量化研究一样，当质化资料收集完备后，接下来就需要整理和分析这些收集到的质化资料。质化资料整理与分析大致有三个重要步骤：(1) 整理和录入资料；(2) 编码和归类；(3) 深入分析。

一、整理和录入资料

与量化资料形式最大的不同是，质化资料基本与数字无关。它是研究者通过各种资料收集方式获得的以文字、符号、图像等形式来描述的记录材料。其呈现形式具体包括田野笔记、录音资料、访问记录、研究日记、文件、实物等。相对量化资料而言，收集到的质化资料看起来会比较“杂乱无章”。因此，整理和录入资料是质化资料分析的第一个重要步骤。

在这个步骤中，研究者首先需要浏览收集到的所有资料，尽可能对资料的内容和形式有一个大致的了解，并尝试与收集到的资料形成初步的“对话”，对资料内容做到“心中有数”。需要注意的是，研究者在这个过程中要放下自己的主观立场和判断，尝试去理解研究对象对自己生活和行为的解释。其次，研究者需要将收集到的各种原始资料进行整理和录入。传统的资料整理过程以手工操作为主，研究者需要通过小卡片或者贴便签的形式将原始资料进行整理分类。但现在，随着计算机技术的发展，大多数质化资料的整理和分析都可以借助计算机来完成。因此，在整理资料时，研究者首先需要将田野笔记、文本资料、图像影像资料、录音资料按照实际记录情况录入电脑。而在录音资料录入电脑时，通常还需要将录音资料转换成文本形式，以便后期进行分析。当然，录音资料转换成文本形式的过程是一个非常耗时耗力的过程，研究者需要有足够的耐心和细心。

需要注意的是，在资料整理和录入的过程中，研究者一定要确保录入的资料和原始的资料一模一样，切不可在录入过程中对原始资料随意的删改和摘录。例如，在将录音资料转化成文本资料时，研究者不仅需要将录音中说到的每一个字进行录入，还需要将说话者的语气停顿、声调和重音记录下来，以保证资料的完整性。

二、编码和归类

编码和归类是质化资料分析过程中的一个关键环节。编码就是对从原始资料中提炼出的主题或概念编制代码，而归类就是把资料归入到各个主题或概念里。编码和归类的根本目的就是将资料整理为一个有结构、有条理和有内在联系的意义系统，减轻资料归类的烦琐程度(见图 8-3)。

图 8-3　质化研究的编码

在这一阶段中，研究者首先需要根据研究相关的理论基础以及对原始资料内容的理解，提炼出一些重要的主题或概念，形成初步的编码框架。这个初步的编码框架可以随着后期分析的深入进一步调整和改进。然后，研究者需要仔细阅读录入的资料，将资料归入各个主题或概念中，形成一个清晰的内容框架。在实际的操作中，编码和归类的过程其实是融为一体且不断演化的。研究者在分析归类的过程中，如果发现新的重要的主题或概念，可以不断地增加新的编码，最终形成一个准确的资料框架。

三、深入分析

深入分析是将质化资料的编码进一步浓缩，找到它们之间的关系，对研究结果做出初步的结论。深入分析有两种方式：一种是在所形成的编码之间建立联系，并提出更加抽象的概念，如因果联系、差异联系、干预联系等；另一种是在所形成的编码之间找出最核心的概念，确定概念之间的故事线（storyline），让这个核心概念尽可能统领研究资料，形成一个完整的逻辑过程。

总的来说，质化资料的收集、整理、分析过程是一个相互交叉、重叠发生、同步进行的过程。研究者需要通过这个过程为研究现象提供一个深入、清晰和合理的解释。

第九章　研究报告的写作

当数据分析完成后，还有最后一个重要的步骤，就是撰写研究报告。研究报告是一种通过文字和图表将研究过程和研究发现呈现出来的书面报告形式，其主要目的是向读者展示自己的研究成果。根据报告读者对象的不同，研究报告通常可以分为应用性研究报告和学术性研究报告。应用性研究报告是以解决实际工作当中存在的某些问题为主要目的，其读者对象主要是商业机构或政府机构的工作人员。学术性研究报告主要出现在学术会议或专业学术刊物上，其读者对象大多为各具体学科的专业研究人员。相比于应用性研究报告，学术性研究报告的撰写往往更加严格，通常都会有比较固定的规范和格式。在本章中，我们主要介绍学术性研究报告的写作。

通常来说，一份规范的学术性研究报告需要告诉读者五个方面的内容：你做了什么研究、你为什么研究、你如何做研究、你的研究发现了什么、研究的启示是什么。这五个方面的内容有机地结合在一起就是一份完整的研究报告。接下来，本书将对研究报告的组成部分以及撰写风格做简要介绍。

第一节　研究报告的组成部分

量化研究报告的写作格式相对标准化，主要包含标题、作者、摘要、关键词、正文、参考文献、附录几个部分。正文作为研究报告最核心的部分，包含引言、文献综述、研究设计与方法、研究结果、讨论与发现五个部分。质化研究报告虽然在正文部分的行文方式和表达风格相对来说更加灵活，不需要严格遵照固定的框架，但实际上在正文内容中也需要包含研究背景、文献综述、研究方法、研究发现与讨论等必要部分。

一、标题

标题是对研究目的和研究内容的高度提炼。在标题中,研究者需要用一句话简洁明了地阐明研究的核心概念以及核心问题。通常来说,传播学研究报告的标题有以下几种类型。第一种,标题中包含研究的关键词,例如,“娱乐化 本土化——美国新闻传媒的两大潮流”。第二种,标题中精炼地介绍研究的主要内容,例如,“2020 年短视频用户价值研究报告”“新中国 70 年新闻传播学发展的回顾与展望”。第三种,标题包含主标题和副标题,主标题概括研究内容,副标题限定研究范围、研究样本或研究方法等内容。例如,“互联网使用、网络社会交往与网络政治参与——以沿海发达城市网民为例”“城市新移民社交媒介使用与社会责任认同的关系——基于上海样本的调查报告”。第四种,标题包含主标题和副标题,主标题用形象生动的文字提出研究问题,副标题概括研究的内容。例如,“游戏‘幽灵’为何如影随形?——中小学生手机游戏成瘾的质性研究”(见图 9-1)。总的来说,研究报告的标题没有严格规定,只要能够清晰反映研究的主要内容,引起读者的兴趣即可。

二、作者

在大多数情况下,研究报告的标题下会放作者姓名,同时标题页会将作者姓名和通讯地址以及作者简介放在当页脚注里。由于不同杂志期刊对于这部分的格式要求会有所不同,本书就不作具体介绍。

三、摘要与关键词

在标题和作者后面紧接着的是研究的摘要和关键词。摘要的篇幅一般要求控制在 200—300 字内,其目的是用最简练的语言概括研究内容、研究过程以及研究的主要发现,让读者在短时间内判断是否对该研究感兴趣,或审视研究报告的内容是否为自己所需要。由于摘要篇幅短小但又作用关键,因此对其写作需要注意三点:第一,确定写作的优先级。确定什么是本研究最核心的、最重要的或是最具创新性的内容,并将其显示在摘要当中。第二,力求简练准确。用最简洁凝练的语言呈现优先级内容,不必在摘要中呈现太多研究的细节。第三,尽量呈现研究的核心框架。研究者在摘要中应该尽力通过精

◎ 本期专题　　SHANGHAI JOURNALISM REVIEW 新闻记者

游戏“幽灵”为何如影随形？
——中小学生手机游戏成瘾的质性研究

■黎　藜　赵美荻

【本文提要】 移动互联网时代，手机游戏成为当代人流行的娱乐方式。本文尝试打开技术使用的黑箱，探讨青少年手机游戏成瘾的症状和诱因。通过对35位有手机游戏经历的中小学生进行深度访谈，本研究发现，受访者存在一定程度的手机游戏成瘾倾向，出现“魂牵梦绕型”、“失魂落魄型”、“变本加厉型”和“卷土重来型”等症状。同伴的游戏行为和在游戏中获得的攀比资本是导致成瘾的主要原因。家庭陪伴的缺失以及家人手机游戏的不良示范是手机游戏成瘾的隐蔽诱因。

【关键词】 中小学生 手机游戏成瘾 同伴影响 家庭因素
【中图分类号】 G898
DOI:10.16057/j.cnki.31-1171/g2.2020.07.005

一、研究缘起

技术进步的一个颠扑不破的传奇就是让人们的生活进入“快车道”，高效和便利使新媒介收获了一批拥趸。智能手机占领了人们的生活，助推人们完成了从线下到线上的迁徙。根据CNNIC第45次中国互联网发展统计报告，截至2020年3月，我国手机网民的规模已达8.97亿，我国网民使用手机上网的比例达99.3%（中国互联网络信息中心，2020）。手机成为人们进行数字交流的首选媒介，它在渗透人们日常生活的同时也增加了手机成瘾的可能性。手机成瘾的类型多样，有学者将其分为社交型成瘾、网络型成瘾、功能型成瘾和娱乐型成瘾（梁维科，2012）。游戏功能作为娱乐功能的主要部分，成为手机成瘾的重要诱因。我国已经成为世界上最具影响力和最具潜力的电子竞技市场，2019年我国游戏市场收入达947.3亿元，而移动游戏市场实际收入就占了市场总份额的68.5%（伽马数据，2019）。

黎藜系云南大学新闻学院副教授，赵美荻系云南大学新闻学院硕士研究生。本文为云南大学高层次人才引进项目“成年人与青少年对新媒体的使用之研究”（项目编号：C176220100019）及云南省哲学社会科学教育科学规划项目“云南省中小学生手机游戏沉迷与对策研究”（项目编号：C176240104）的阶段性成果。

图9-1　论文“游戏‘幽灵’为何如影随形？——中小学生手机游戏成瘾的质性研究”标题示例

炼的语言呈现整个研究的骨架，例如，对研究背景、研究内容、研究方法以及研究的主要发现进行概括，以便读者对该研究有大体的判断和认知。

以图9-2的摘要作为示例，作者在简短的文字中，先用极短的一句话介绍研究背景，再用一句话引入研究主题、介绍研究目的。此后，简短明了地说明研究对象和研究方法。该摘要通过不超过三行的文字,清晰地告知读者整个研究的来源、目的和研究过程。而后,再将最核心、最重要的研究发现用两三句语言进行概括。简而言之,摘要的作用就是帮助读者快速判断是否有必要通读研究报告的全文,来了解研究的更多细节。

【本文提要】 移动互联网时代,手机游戏成为当代人流行的娱乐方式。本文尝试打开技术使用的黑箱,探讨青少年手机游戏成瘾的症状和诱因。通过对 35 位有手机游戏经历的中小学生进行深度访谈,本研究发现,受访者存在一定程度的手机游戏成瘾倾向,出现"魂牵梦绕型"、"失魂落魄型"、"变本加厉型"和"卷土重来型"等症状。同伴的游戏行为和在游戏中获得的攀比资本是导致成瘾的主要原因。家庭陪伴的缺失以及家人手机游戏的不良示范是手机游戏成瘾的隐蔽诱因。
【关键词】 中小学生 手机游戏成瘾 同伴影响 家庭因素

图 9-2 摘要和关键词示例

关键词是影响研究报告的检索和引用的一项重要内容,直接体现了全文最核心的概念。关键词数量不宜过多,通常在 5 个左右。研究报告中的关键词只需将整个研究中最核心的概念提取出来即可,关键词过多则会显得整个文章的研究不聚焦,主题太散。

四、正文

在对整个研究进行简单概括陈述之后,研究报告就进入到正文部分。不同于摘要部分的精简,到了正文部分的写作,研究者需要用详尽准确的材料去论证和传达研究的目的、内容、方法、发现、价值与启示等细节信息。此外,研究报告的正文应尽可能体现出整个研究过程的科学性和客观性。因此,正文写作应力求严谨、客观、准确,并且各个部分的串联能够符合逻辑。

(一) 引言

引言作为论文正文的开场白,最重要的是让读者对这个研究报告的背景有一个大致的了解。因此,研究者需要在引言中阐明自己要做一个什么样的研究,为什么要做这个研究。

在引言的写作中,研究者可以在一开始先向读者交代整个研究所处的现实时代背景。例如,"技术进步的一个颠扑不破的传奇就是让人们的生活进入

‘快车道’，高效和便利使新媒介收获了一批拥趸。智能手机占领了人们的生活，助推人们完成了从线下到线上的迁徙。根据CNNIC第45次中国互联网发展统计报告，截至2020年3月，我国手机网民的规模已达8.97亿，我国网民使用手机上网的比例达99.3%”。这段文字通过客观数据的引入，向读者交代了当下的时代背景是智能手机大量普及的时代。研究者也可直接引入研究的核心理论概念，对其进行解释，从而进一步深入展开。例如，健康传播研究者在进行以宿命论为主题的研究梳理时，就先抛出了自己最核心的研究概念：对于宿命论这个词，大多数中国人并不陌生，从孔子的“生死有命富贵在天”到现在的网络流行语“一切都是最好的安排”，人们都或多或少地接触过甚至虔信“天命”“命运”“轮回”这样的观点，它们可能根源于文化、地域、经济等方面，但它们的影响范围远不局限于此，生活中的细枝末节，乃至健康都有可能受到波及。

无论是交代研究所处的时代背景，还是引入研究的核心概念，目的都是由此将读者的目光从宏大的现实或理论背景吸引到整个研究所要解决的核心问题上，并且阐明此研究问题在这样的背景下具有什么样的现实意义或者理论价值。例如，“然而，手机游戏的风靡也带来了一系列的负面影响，例如，沉迷手游而荒废学业，影响生活与工作等。对于心智尚未成熟的青少年，沉迷手机游戏所带来的危害更大、影响更深。研究青少年手机游戏沉迷的现状和成因，并探讨其应对策略就具有十分重要的意义”。这段话很自然地从当下青少年手机沉迷的社会现象，引出了自己的研究问题是青少年手机游戏沉迷的现状和成因。此外，研究者也通过对现象危害性的描述，凸显了研究具有的现实意义。

（二）文献综述

文献综述对于整个研究报告十分重要，是整个研究合理性和科学性的重要基础。正所谓站在前人的肩膀上，才能看得更高更远。我们的研究不是凭空而来的，而是在前人研究的基础上不断进化演变而来的。因此，研究者不仅仅在研究的整个过程中需要通过阅读前人的文献发现研究问题、寻求科学的研究方法及解释方法，也需要将这一阅读和探索的过程展示在研究报告的文献综述中。通过在文献综述中呈现自身对此前文献的评估和启发，使自己的研究无论是学术价值还是科学性都能得到一个更好的体现。好的文献综述应该将相关问题发展的理论脉络清晰地展现出来，并且在展现的过程中包含着恰当的、相关的、精确的材料内容。

研究者写作文献综述时需要注意两点：第一，忌文献的堆砌。文献综述无须将所有相关的文献都包含进来。例如，有的人会在写作文献综述时从相关概念、基本原理到涉及此概念的所有研究视角罗列一遍。但实际上，除了对本研究涉及的核心概念进行评估和介绍，文献综述的写作应该紧紧围绕研究问题展开，展现那些对我们在研究视角、方法、进展和见解上有启发和参考意义的文献，并对此类文献进行总结、评述和延伸。第二，避免一味地引用。在文献综述的写作中，还有一些研究者，虽然清楚写作时应围绕研究问题展开，但仍会将研究问题所涉及的相关观点全部引用上去，只为使文献看上去更加充实。实际上，文献综述的目的不只在于引用很多他人对于研究问题的学术见解，更重要的在于评估此类学术见解对于自身研究的启示与意义。因此，在撰写文献综述的时候无须详尽地进行引用，只需选取富有代表性和启发性的研究观点进行适当的评述，能够体现自己的思考和观点即可。

（三）研究设计与方法

研究设计与方法部分要告诉读者的是这个研究做了什么，以及是如何做的。研究者在这一部分应尽量详尽地展现每一步研究程序，给读者去判断研究程序合理性及科学性的空间，并且能让阅读研究报告的专家学者去审阅现研究者在研究设计中自身未曾注意的缺陷，从而提出具有建设性的改进意见。

实证研究的研究方法写作，尤其需要按照相应的规范和步骤详尽介绍自己的研究过程。以问卷调查研究为例，研究方法的写作需要告知读者以下内容：这个研究如何设计测量程序；其测量是否具有科学性和代表性；选取了什么样的研究样本或研究对象；为何选择该样本；整个研究的样本代表性如何；如何具体进行实地资料收取；有哪些研究设计缺陷；如何进行数据分析等。

（四）研究发现

研究发现是对研究问题的回应。在写作研究发现部分的时候，研究者可以用文字形式直接得出研究结论，也可以用图表形式呈现研究结果。在实证研究中，研究结论的写作并不困难，只需要对所得结果以及分析的过程进行客观的呈现即可。需要注意的是，研究者在这部分的写作中应该对研究假设和研究问题一一做出回应。例如，在《健康传播中社会结构性因素和信息渠道对知沟的交互作用研究——以对癌症信息的认知为例》的文章中，在研究结论部分(见图 9-3)，作者的写作内容如下：“表 2 显示，仅在教育与电视使用频度之间存在显著的交互作用(β=－0.050，p＜0.05)，其余大众媒体渠道和人际传播均没有显著影响教育和知识获取之间的关系。图 1 则进一步显示了教育和电视使用频度之间的交互作用方式。对于教育程度较低的群体而言，电视使用频率越高，其健康知识水平越高；对于教育程度较高的群体而言，电视使用频率越高，其健康知识水平反而越低。可见，虽然电视媒体使用对健康知识获取的主效应并不显著，但对不同教育程度群体健康知识水平的影响程度以及影响方向均不同，从而显著调节了教育与知识获取之间的关系，这就证明了假设 H2。”上述示例，就借助图表对研究结果进行了阐释与呈现，并回应了相应

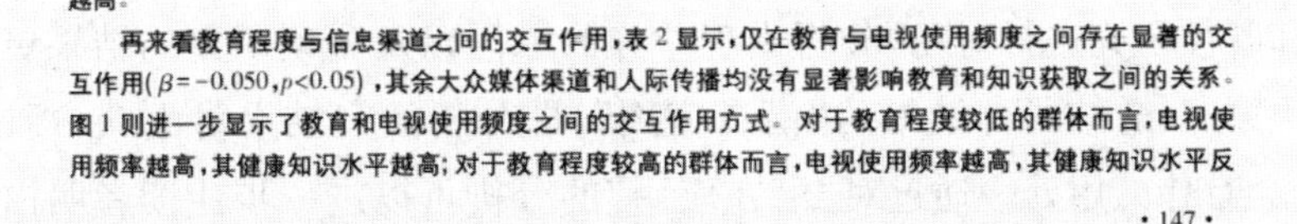

再来看教育程度与信息渠道之间的交互作用，表 2 显示，仅在教育与电视使用频度之间存在显著的交互作用(β=-0.050，p<0.05)，其余大众媒体渠道和人际传播均没有显著影响教育和知识获取之间的关系。图 1 则进一步显示了教育和电视使用频度之间的交互作用方式。对于教育程度较低的群体而言，电视使用频率越高，其健康知识水平越高；对于教育程度较高的群体而言，电视使用频率越高，其健康知识水平反

· 147 ·

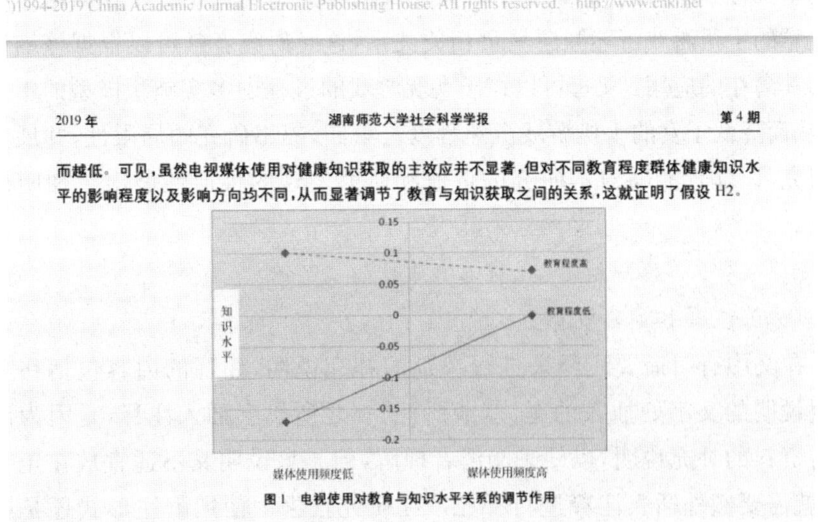

2019 年　湖南师范大学社会科学学报　第 4 期

而越低。可见，虽然电视媒体使用对健康知识获取的主效应并不显著，但对不同教育程度群体健康知识水平的影响程度以及影响方向均不同，从而显著调节了教育与知识获取之间的关系，这就证明了假设 H2。

图 1　电视使用对教育与知识水平关系的调节作用

图 9-3　研究发现示例文章中的部分截图

的研究假设。需要说明的是，在质化研究报告的研究结论中，或许不需要借助图表，但是需要结合收集的具体材料，对研究结果进行阐释并回应研究问题，使研究结论具有说服力。

（五）结果讨论

结果讨论部分与研究结论部分的不同之处在于，研究结论只是对研究结果的呈现与梳理，而结果讨论则是在研究结论的基础上进行升华，提炼出有深度、有启发性的东西。

结果讨论部分通常包括四个方面的内容：第一，从研究发现中提炼要点，根据要点进行分析讨论。例如，研究发现手机的依赖和工作的时效性特征正相关，这时研究者就需要对这个发现进行深入的讨论：为什么工作的时效性特征越明显，人们就越依赖手机？第二，比较自己和别人研究结果的异同，并分析出现差异的原因。例如，和既往研究不同，某项研究发现在媒体上的新闻关注和大众接种 HPV 疫苗的倾向没有显著相关性。这时研究者就需要将该研究和既往研究进行对比，分析出现差异的原因以及哪项研究的结果更符合实际。第三，总结研究结果的“潜在应用”，即分析研究结果对大众、理论、行业、社会有什么用处。通过对“潜在应用”的分析可以进一步让读者明白该研究的重要性和意义。例如，一项研究发现父母实施积极型的干预策略与青少年儿童的手机游戏沉迷倾向呈负相关关系，这时研究者就可以根据该结果总结出其潜在的应用：父母可以在子女玩游戏的过程中多实施积极型的干预策略，从而降低子女的手机游戏沉迷程度。第四，提出研究的局限性，并展望后续研究，让读者能够对本研究的价值和研究发现的推广性做出更加明确的判断。

（六）注释和参考文献

在文中有时需要注释来进行特别的补充说明，注释的内容包括在文中需要说明的文字处插入的尾注（或脚注）。之所以会插入注释，是因为需要进行资料的补充说明，以便于阅读者理解，但是该说明又不适宜放在正文部分，就需要额外插入注释进行补充。在研究报告中使用脚注形式还是尾注形式，要根据不同项目或杂志社要求来确定，有的文章不需要特别进行额外的说明解释，这时也可以通篇没有注释。

参考文献一般被置于文末，虽然不出现在正文当中，但却具有十分重要的作用。首先，对于作者本人来说，一份研究报告总会用到他人的观点、概念、资料等。凡是引用，一定要注明出处来源，将引用过的文献统一放置在参考文献当中。如果引用他人观点却没有注明，或者编辑他人的文字当成自己的观点，都是剽窃。剽窃是学术不端的行为，既损害学术公信力，也损害学者声誉，因此一定要在引用他人文献时注明。其次，对于其他阅读研究成果或对该领域研究感兴趣的人来说，参考文献有助于他们找到其他相关研究领域的文献，收集更多参考资料进行研读。此外，读者通过浏览参考文献也能一定程度上快速获取本文的研究取向、研究领域、引用的文献质量等相关信息。因此，参考文献是不可或缺的一部分。

具体在写作时采用哪一种格式来标注注释和参考文献，需要根据具体的项目报告的写作要求，或者参考杂志期刊给出的具体标准和示例，本书在此就不作详细介绍。

（七）图表与附录

文章中可以借助一些图表辅助解释研究内容。一些杂志期刊也会要求研究者将自己的问卷调查的量表、内容分析的编码表、访谈使用的访谈提纲等研究工具附在文末，以方便他人直接学习、借鉴，也便于专家对研究工具的科学性进行评估。

第二节　研究报告的写作风格

上一节介绍了研究报告的基本架构和组成部分。在掌握了基本的写作架构之后，新手在写作研究报告中还容易遇到一些问题，例如，把握不好研究报告篇幅；不能体现研究报告的写作风格；研究报告的逻辑性差；在研究报告中虚夸自己研究的学术价值等等。因此，本节针对这几类问题做一些讨论。

一、研究报告的篇幅

一般的研究论文要求字数控制在一万五千字以内,但是具体的字数应根据自己的研究主题而定。质化研究报告的写作尤其应注意,不能被字数众多的研究材料牵着鼻子走。如果过于沉浸在研究的细节之中,写得越多,主题也就越散。因此,质化研究报告的写作应在前期分析材料的工作上做足功课,提取出核心内容和研究问题之后,适当选取富有代表性的原始材料进行概括转述,以确保文章始终围绕中心议题展开,而不至于过于分散冗长。为了避免将文章写得过于冗长,研究者应该培养驾驭主题的能力,比较好的方法是围绕研究主题梳理好逻辑思路:先进行写作的谋篇布局,再围绕中心论点对各个部分展开论述,避免自己陷入文本细节中进行长篇大论。

二、研究报告的风格

写作不太成熟的新手在写研究报告时,容易把握不好写作风格,导致写作风格偏向两个极端。一个极端是过于"自我化"和"文学化",使得整个研究报告过于主观,立不住脚;另一个极端是过于生搬硬套,非常呆板,探讨问题不够深入。这两类研究报告的写作风格都是不可取的。

对于容易把研究报告写得过于"文学化"和"自我化"的初学者来说,应该清楚要写的是一篇对逻辑性和科学性要求较高的论证性文章,要面对的不是普通意义上的读者,而很可能是该领域的专家学者。因此,每一句话的写作都应尽量保证有理有据,并且要紧紧围绕研究内容展开。此外,在阐明自己的观点时,尽量避免用"我觉得""我认为""本人觉得"这类过于主观的词语,而应在充分呈现自己的论证依据之后,以"研究者"身份来陈述自己的观点,这样可以弱化自我的主观色彩,凸显文章中的观点是经过严肃的研究与严谨的思辨之后得出来的。对于容易将研究报告写得生硬死板的写作者来说,应消除自己内心形式化的思想,根据自身研究过程的实际情况进行合理的、充分的陈述,在合理分析的基础上将观点表达清楚,同时也要对语言进行修饰,使其表达精炼又生动自然。写作生硬更大程度的原因是阅读的文献和书籍不够,理论知识的积淀不够,不能对客观的数据与研究结果进行深入分析和阐释,这就需要写作者多学习别人文献与书籍的写法,多加练习。

三、逻辑检验和学术评价

报告写作完成之后，研究者还应检查全篇的逻辑结构是否合理，围绕每个段落核心概念的阐释是否清楚，中心论点的论述是否合乎逻辑，段落主题的表达是否明确等。此外，需要注意的是，报告中无论是对于自己研究的学术评价还是他人研究的学术评价都应当审慎，应客观阐述，有理有据，避免夸大其词。

附录　基本概念释义

第一章

科学(science)指的是从确定研究对象的性质和规律这一目的出发，利用观察、调查以及实验等方法而得到的比较系统的知识。

科学研究(scientific research)指的是对观察到的现象可能存在的某种联系提出假设，并进行系统的、受控的、实证性的和批判性的调查研究。

学术研究(academic research)有时也被称为基础研究，其主要目的是通过对新知识、新理论、新原理的探索，从而扩展某一科学的理论领域。

商业研究(business research)有时也被称为应用研究，其主要目的是将学术研究发现的新知识、新理论应用于特定目标所进行的研究，可以看作学术研究和开发研究之间的桥梁。

理论(theory)指的是用来解释现象，而对变量之间的特定关系所做的相互关联的、系统化的一种陈述。

概念(concept)指的是对特定事物的属性进行概括而形成的一种抽象表达，它为研究者提供了观察或描述那些无法直接观察到的事物的方式。

变量(variable)指的是研究者在研究中那些被赋予不同取值(数值和范畴)的象征符号，相比较而言，那些只有一个不变的取值的概念叫做“常量”。

命题(proposition)指的是研究者对概念的特征或关系所做出的陈述。在社会科学研究中最常用的命题则是假设。假设可以被看作变量之间关系的尝试性陈述，也被看作可以用经验事实来验证的命题。

概念化(conceptualization)指的是对抽象概念进行精细化和具体化的过程。

科学环(science loop)认为任何科学要形成、发展、丰富、完善自己的理论体系，必须经过理论的建构和理论的检验这样一个循环往复、螺旋上升、永无止境的过程。

归纳推理(inductive reasoning)指的是从具体现象到普遍原则的推理过程。

演绎推理(deductive reasoning)指的是从普遍的前提或原则出发，推导出个别性结论的过程。

第二章

研究领域(research area)指的是社会研究所涉及的某一类问题领域。

描述性研究(descriptive research)的目的是对某一社会现象的状况、特征及发展过程进行系统性、客观性、准确性的描述，通常以收集有关总体分布特征，提供有关总体结构、现象特征等方面的信息为主。

解释性研究(explanatory research)的目的是探寻某一现象或者行为形成的原因、分析现象间的因果关系、预测事物发展的趋势或后果。

探索性研究(exploration research)的目的是针对某种现象或问题进行开拓性、前瞻性的探索与了解，由此获得一些初步的印象与感性认识，为之后更加深入与成体系的研究奠定基础。

研究对象(the research object)也被称为分析单位，指的是某个研究中被研究的人或事物，它的属性特征构成了研究的主题和内容。

横向研究(cross-sectional studies)指的是通过在同一时间点上收集研究数据，以描述观察对象在这同一时间点上的状况，或比较不同观察对象在同一时间点上的差异的研究。

纵向研究(longitudinal studies)指的是通过在不同的时间点上收集研究数据，以描述同一观察对象在不同时间点上的差异，从而揭示其发展变化规律的研究。

趋势研究(trend studies)指的是针对同一总体，采用同样的抽样方法，对在不同时间点上发生的变化的研究。

代群研究(cohort studies)指的是针对某一特定人群在不同时间点所发生的变化的研究。

固定样本研究(panel studies)指的是对同一群人在不同时间点所发生的

变化的研究。

第三章

测量(measurement)指的是对研究内容进行有效的观测和度量。

自变量(independent variable)指的是引起变化的变量,是研究者做研究时进行系统化操纵的变量。

因变量(dependent variable)指的是因为自变量变化而发生变化的变量,它是试图观测和估计的对象。

中介变量(mediating variable)指的是自变量对因变量发生影响的中介,是自变量对因变量产生影响的实质性的、内在的原因。

调节变量(regulating variable)指的是影响自变量和因变量之间关系的方向(正或负)和强弱的变量。

外来变量(external variable)指的是一些可以影响因变量,但是在研究设计中没有包括的一些变量。

离散型变量(discrete variable)只能取有限的数值,研究者可以在调查问卷上根据问题给出具体的选项供调查对象选择,如性别、年级、民族、社会面貌等。

连续型变量(continuous variable)则可以取任何数值,如收入、成绩、使用媒介的时间、对媒体的满意程度(在一定的分数区间内)等。

定类变量(nominal variable)指的是测量层次最低的一种变量类型,这类变量的取值只表示类别的区分,不表示任何数量上的大小。

定序变量(ordinal variable)不仅表示分类,还可以按照某种逻辑顺序将分类排列出高低和大小,确定不同的等级和次序。

定距变量(interval variable)指的是在前两种测量的基础上更进一步,它不仅能够区分不同的类别和等级,还能区分不同类别和等级之间的间隔距离和数量差别,即可以通过计算确定变量之间的具体差距。

定比变量(ratio variable)指的是测量层次最高的一种变量类型。和定距变量的不同之处在于定比变量具有实在意义的真正零点。

测量误差(measurement error)指的是测量的结果和真实值之间存在的差距。

概念(concept)指的是人们在日常生活中通过感性认识和互相交流形成的对具体现象和事物的抽象表达。简单来说,概念就是对具体现象做普遍性的解释。

操作化(operationalization)指的是将概念转化成为具体可观察指标的过程。

量表(scale)指的是一种基于多个题项的复合测量工具,其作用是尽可能准确地对较为复杂的概念进行测量。

李克特量表(Likert scale)指的是一种主要用于测量观念、态度或意见的定距量表,由一组陈述或说法组成,每一陈述有"非常不同意""不同意""不确定""同意""非常同意"五种选项,通过 5 点记分(1、2、3、4、5)的方式测量人们对这组陈述或说法的同意程度。

语义差别量表(semantic difference scale)由美国心理学家奥斯古德等人于 20 世纪 50 年代首先提出,是用一组意义相反的陈述或形容词构成一份评价定距量表,从而来测量人们对某一特定概念或事物的不同理解和感受。

古特曼量表(Gutman scale)是一种定距量表或定序量表,由一组强变弱或由弱变强的陈述组成。

舍史东量表(Scheelstone scale)指的是一种用来测量对特定概念的态度的定距量表,有时也被称为间隔均等出现量表。

指数(index)指的是将每个变量下所有指标对应的固定的数值相加得到的一个累加数值,它体现的是受访者在每个变量上的综合态度、立场或程度。

信度(reliability)指的是测量数据的可靠性程度,即采用同样的测量工具(如量表)对同一对象进行反复测量时产生相同结果的程度。

稳定性分析(stability)指的是让同一组研究对象在不同时间点对构建的量表进行填答,考察前后两次测量的结果是否基本一致。如果前后两次测量的结果基本一致,则表明该量表的稳定性较好。

效度(validity)指的是量表的有效程度或正确程度,即量表是否能准确测出其所想要测量的特质。

表面效度(face validity)指的是一种最基本的效度判断指标。表面效度分析就是从常识的层面判断某个指标或某组指标能不能用来测量某个概念,即判断测量的指标和概念是否吻合。

准则效度(criterion validity)指的是用几种不同的量表对同一变量进行测量,将其中一种量表作为标准,将其他几种量表测量的结果与这个标准进行比较,如果其他几种量表测量的结果和标准量表测量的结果有密切的关联性,就说明这些量表具备准则效度。

构造效度(construct validity)又称结构效度,指的是一种基于已有的理论框架结构对量表效度进行评估的方式。

第四章

抽查(random)指的是从总体中抽取有代表性的样本,通过样本来反映总体的一些情况。这个从总体中抽出样本的过程就是我们所说的抽样。

总体(population)指的是研究中涉及的所有元素的集合,而元素是构成总体的最基本单位。

样本(sample)指的是从总体中按一定方式抽取出的那一部分元素(个体、单元)的集合,每个抽中进入样本的单元叫作入样单元。

抽样单位(sampling units)或称为抽样单元,指的是在抽样时所使用的基本单位。

抽样框(sampling frame)指的是一次直接抽样时,总体中所有抽样单元的名单。

总体参数(population parameters)也称为总体指标或调查的目标量,指的是通过样本数据估计或描述总体特征的某些未知常数,通常根据研究目的和内容来确定。

样本统计值(statistic)指的是关于调查样本的某一特征进行描述的数量表现。

置信水平(confidence level)又称置信度,指的是总体参数值落在样本统计值某一区间的概率,反映抽样的可靠性。

置信区间(confidence interval)指的是在某一置信水平下,总体参数值和样本统计值之间的误差范围,反映抽样的精确性。

概率抽样(probability sampling)指的是依据概率理论来抽取样本的抽样技术。在进行简单随机抽样的过程中,总体中每一个元素被抽中的概率是均等的,研究者随机从总体中抽取出若干元素组成研究样本。

系统抽样(systematic sampling)指的是研究者把总体里的每个元素按顺序依次编号,再根据样本规模确定抽样间隔,然后随机确定以某个元素为起点,每隔若干个元素(抽样间隔)抽取一个元素,直至抽取元素符合样本规模的要求。

分层抽样(stratified sampling)是一种先根据总体的某些特征将总体分成若干互不重叠的子总体,每一个子总体称为一层,然后在每层中随机抽取一个子样本,将各层的子样本合在一起形成总体样本的抽样方法。

整群抽样(cluster sampling)指的是研究者先将总体划分为若干个特征比较相近的子群体,然后以每一个子群体为(初级)抽样单元进行抽样,将抽中的子群体中的所有个体合起来作为总体样本的抽样方法。

多级抽样(multi-stage sampling)指的是从总体中先抽取若干较大的子总体(或称初级单元或一级单元),然后从所抽取的一级单元中再抽取若干较小的二级单元,以此类推,还可以继续抽取三级单元、四级单元等单元的抽样方法。

非概率抽样(non-probabilistic sampling)指的是根据研究者的主观经验或者其他条件来抽取样本的方式。

方便抽样(convenience sampling)指的是研究者抽取自己手头方便遇到的个体为样本,直至样本规模符合需要。

目的抽样(purposive sampling)指的是研究者根据特定目的和主观判断来确定研究样本。

配额抽样(quota sampling)指的是研究者首先按某些可能影响研究变量的因素对总体进行分类,然后确定每个类别在总体里所占的比例,再通过方便抽样或目的抽样的手段,在每个类别里抽出一定比例的样本形成最终总体的抽样方法。

滚雪球抽样(snowball sampling)指的是研究者首先选择一些研究对象,然后请他们提供另外一些符合条件的研究对象,继续这一过程,就像滚雪球一样,研究对象越来越多,当样本规模符合研究者的需要时或者当研究对象无法提供新的研究对象时,就可以中止抽样过程。

样本规模(sample size)指的是样本中所含的个案的数量。

研究发生率(study incidence)指的是调查所需要的“合格”人员所占的

比例。

抽样误差(sampling error)指的是测量样本得到的统计结果与总体参数之间存在的偏差程度。

随机抽样误差(random sampling error)指的是总体的真正平均值与原始样本的真正平均值之间的变差。

非抽样误差(non-sampling error)指的是在调查设计、抽样实施、数据收集和数据分析过程中,由于人为的差错所造成的误差,也叫作偏差。

第五章

资料收集(data collection)指的是研究者通过对现象的观察和度量获取相关信息资料的过程。

问卷调查法(questionnaire survey)指的是一种从样本那里收集资料,通过对资料的统计分析来认识社会现象及其规律的实证研究方法,可以同时兼顾描述和解释两种研究目的。

访问式调查(interview survey)指的是由调查员根据事先设计好的问卷进行面对面提问,被调查对象逐一回答调查员提出的问题,并由调查员来填写问卷的调查方式。

入户访问(door access)指的是调查员携带设计好的调查问卷进入被调查对象家中进行面对面的直接调查。

街头拦截访问(street stop)指的是由调查员在约定地点对街头遇到的人进行面对面的问卷调查。

电话访问(telephone interviews)指的是调查员通过打电话的方式与被调查对象联系,并在电话中对被调查对象进行访问的方法。

传统电话访问(traditional telephone access)指的是调查者按照随机数表抽取电话号码,然后拨打电话直接访问被调查对象的方式。

计算机辅助电话调查(computer-aided telephone survey)指的是由调查者事先把问卷输入电脑,然后电脑随机抽取电话号码并直接拨号,调查员按照屏幕上显示的问卷问题询问被调查对象并将答案录入计算机上的电子问卷中的调查方式。

自填式调查(self-filling survey)指的是由调查对象自己填答问卷,填完后将问卷反馈给调查员的调查方式。

个别发送问卷法(sending questionnaires individually)指的是调查者将问卷打印好后,依据所抽取的样本,将问卷发送到被调查者手中,请他们合作填答,并约定收取的时间、地点、方式,在调查对象填写完问卷后再将问卷收回的调查方式。

邮寄调查(mail survey)指的是将问卷装入信封后通过邮局寄给被调查对象,被调查对象填答完成后又通过邮局寄回的问卷调查方式。

集中填答(concentration of orientation)指的是先通过某种形式将被调查对象集中起来,然后请被调查对象当场填答问卷,填答完毕后统一收回的方式。

网络调查(online survey)指的是运用互联网平台进行问卷调查的方式。

问卷回收率(questionnaire recovery rate)指的是回收的有效问卷占所有发出去的问卷的比例,也称为问卷的应答率。

指导语(instruction)指的是告诉调查对象如何来填答问卷的一组陈述。

封闭式问题(closed-ended question)指的是研究者在提出具体问题的同时,给出可能的答案,被调查对象根据自己的实际情况从研究者给出的选项中进行选取。

开放式问题(opened-ended question)多用于探索性调查的问卷中,指的是研究者在提出具体问题的同时,不会限定答案的范围,被调查对象可以根据自己的实际情况给出任何答案的问题形式。填空式的题目就是让受访者根据自己情况填入答案的题目类型。

二项选择式问题(two-choice question)指的是只提供两种答案选项的问题,选项一般为“是/否”“正确/错误”“应该/不应该”等。

单项选择式问题(single-choice question)指的是提供两个以上选项的问题,受访者根据自己的情况选择其中之一。

多项选择式题目(multiple choice question)指的是设置多个选项的封闭式问题(通常是三个或以上),受访者根据题目要求,可以从选项中选择一个或多个符合实际情况的选项。

量表式问题(scale question)指的是把同一类型的若干个问题组合起来,以矩阵的方式表现出来的问题形式。

第六章

实验法(experimental method)指的是一种通过精密的实验设计来收集量化资料的方式。

实验刺激(experiment stimulus)指的是用于测试实验对象的反应的自变量。

前测(pretest)指的是在加入实验刺激(自变量)前对实验对象(实验组和控制组)进行测量。

后测(posttest)指的是在加入实验刺激后对实验对象(实验组和控制组)再次进行测量。

实验组(experimental group)指的是在实验过程中接受实验刺激的那一组实验对象。

控制组(control group)也被称为"对照组",它在各方面都与实验组相同,但在实验过程中并不接受实验刺激的一组实验对象。

前实验设计(preexperimental design)是所有实验设计中最简单、研究者控制最少的一类实验设计。在前实验设计中,研究者并未使用随机分组或配对手段对实验主体进行控制,也未设置控制组,而只设置一个实验组,只对实验组进行测量分析。

准实验设计(quasi-experimental design)指的是缺一个或者多个"条件"的实验设计。比起前实验设计,准实验设计中研究者的控制更多,实验结果准确性也增加了。

完全实验设计(complete experimental design)也被称为"标准实验设计",它指的是一种满足所有实验必备条件(比如随机分配、进行前测和后测、有控制组和实验组、实验环境封闭等)的实验设计。

匹配法(matching method)也被称为"配对法",指的是依据各种标准或特征,找出两个完全相同或者几乎完全相同的实验对象进行配对,然后将配对成功的对象分别分配到实验组和控制组的方法。

随机指派(random assignment)指的是完全按照随机抽样的原理和方法来将实验对象随机分配到实验组和控制组中的方法。

第七章

内容分析法(content analysis)指的是一种通过考察文献资料,来了解人们的行为、态度和特征,进而发现社会和文化变化趋势的研究方法。

分析类目(analytical category)指的是建立分析单元的归类系统。

第八章

质化研究(qualitative research)指的是一种通过特殊的方法获得人们想法、感受等较深层反应的信息,从而探索现象背后的意义,判断事物性质的研究方法。

实地观察(field observation)指的是研究者有目的、有计划地对研究对象行为的直接察看,从而收集和记录研究对象日常生活信息的一种研究方法。

参与式观察(participatory observation)指的是观察者通过和被观察者一起生活、工作,从而在密切的相互接触和直接体验中倾听他们的想法和观看他们行为的方法。

非参与式观察(non-participatory observation)不要求研究者直接进入被观察者的日常活动。

深度访谈(in-depth interview)指的是研究者通过口头交谈等方式从被访者那里收集第一手资料,从而了解社会事实、行为态度、动机情感的一种研究方法。

结构式访谈(structured interview)指的是研究者按照提前设计好的、具有一定结构的采访问题来进行访谈的方式。

无结构式访谈(unstructured interview)指的是研究者只要大致确定一个题目与访谈内容,然后与受访者自由交谈的研究方式。

混合式访谈(semi-structured interview)指的是访谈的内容和题目由研究者预先进行初步设定,但是在采访的过程中,采访人员也可以根据实际情况对采访题目进行增减、对提问顺序进行调整。

焦点小组(focus groups)指的是研究者或者一个经过训练的主持人同时对一群人进行访谈,从中获取一些有关问题的深度信息。

二手资料分析(secondary data analysis)指的是对那些由其他人出于其他

原因收集的实物资料进行质化分析，也即是把别人的资料为研究者所用的过程。

编码(coding)指的是从原始资料中提炼主题或概念的过程。

归类(classifying)指的是把资料归入各个主题或概念里的过程。

深入分析(in-depth analysis)指的是将质化资料的编码进一步浓缩，找到他们之间的关系，对研究结果做出初步的结论。

第九章

应用性研究报告(applied research report)指的是以解决实际工作当中存在的某些问题为主要目的，其读者对象主要是商业机构或政府机构的工作人员的研究报告。

学术性研究报告(academic research report)指的是主要用于学术会议或专业学术刊物，其读者对象主要是各具体学科的专业研究人员的研究报告。

参考文献

中文著作

陈国明、彭文正、叶银娇等:《传播研究方法》,复旦大学出版社 2011 年版。

陈向明:《质的研究方法与社会科学研究》,教育科学出版社 2000 年版。

陈阳:《大众传播学研究方法导论》(第二版),中国人民大学出版社 2015 年版。

陈振明:《社会研究方法》,中国人民大学出版社 2012 年版。

仇立平:《社会研究方法》(第 2 版),重庆大学出版社 2015 年版。

戴元光:《传播学研究理论与方法》,复旦大学出版社 2008 年版。

戴元正、苗正民:《大众传播学的定量研究方法》,上海交通大学出版社 2000 年版。

费孝通:《江村经济》,江苏人民出版社 1985 年版。

风笑天:《社会调查中的问卷设计》,中国人民大学出版社 2014 年版。

风笑天:《社会研究方法》(第五版),中国人民大学出版社 2018 年版。

风笑天:《社会研究:科学与艺术》,北京大学出版社 2015 年版。

风笑天:《社会研究:设计与写作》,中国人民大学出版社 2014 年版。

风笑天:《现代社会调查方法》,华中科技大学出版社 2014 年版。

关信平:《社会研究方法》,高等教育出版社 2004 年版。

郭志刚:《社会统计分析方法:SPSS 软件应用》,中国人民大学出版社 1999 年版。

柯惠新、丁立宏:《市场调查》,高等教育出版社 2008 年版。

柯惠新、刘红鹰:《民意调查实务》,中国经济出版社 1996 年版。

柯惠新、刘晓红、黄刚:《对中国互联网经验研究方法的研究综述》,中国社会科学院新闻与传播研究所编《中国新闻年鉴・传媒调查卷》,中国新闻年鉴社 2004 年版。

柯惠新：《受众调查数据统计预处理中的问题及对策》，中国社科院新闻研究所、河北大学新闻传播学院编《解读受众：观点、方法与市场——全国第三届受众研究学术研讨会论文》，河北大学出版社 2001 年版。

柯惠新、王锡苓、王宁：《传播研究方法》，中国传媒大学出版社 2010 年版。

柯惠新、郑丽、陈洲等：《调查研究中的非抽样误差》，中国社会科学院新闻与传播研究所编《中国新闻年鉴·传媒调查卷》，中国新闻年鉴社 2004 年版。

柯惠新、祝建华、孙江华：《传播统计学》，北京广播学院出版社 2003 年版。

李怀祖：《管理研究方法论》，西安交通大学出版社 2000 年版。

李琨：《传播学定性研究方法》，北京出版社 2009 年版。

李沛良：《社会研究的统计分析》，湖北人民出版社 1987 年版。

李永健：《传播研究方法》，浙江大学出版社 2009 年版。

李志：《社会科学研究方法导论》，重庆大学出版社 2011 年版。

林聚任、刘玉安：《社会科学研究方法》，山东人民出版社 2008 年版。

林南：《社会研究方法》，农村读物出版社 1987 年版。

龙耘：《电视与暴力——中国媒介涵化效果的实证研究》，中国广播电视出版社 2005 年版。

倪加勋：《抽样调查》，广西师范大学出版社 2002 年版。

王铭铭：《人类学是什么》，北京大学出版社 2002 年版。

王锡苓：《传播研究方法》，兰州大学出版社 2002 年版。

王锡苓：《互联网与欠发达地区社会发展研究》，兰州大学出版社 2006 年版。

王颖吉：《传播与媒介文化研究方法》，北京大学出版社 2017 年版。

许晓东：《定量分析方法》，华中科技大学出版社 2008 年版。

杨国枢、文崇一、吴聪贤等：《社会及行为科学研究法》（上册），重庆大学出版社 2006 年版。

杨孝荣：《传播研究方法总论》，华夏出版社 2005 年版。

袁方：《社会研究方法教程》（重排本），北京大学出版社 2013 年版。

折晓叶：《村庄的再造：一个超级村庄的社会变迁》，中国社会科学出版社

1997 年版。

周敏:《唐人街:深具社会经济潜质的华人社区》,商务印书馆 1995 年版。

中文期刊

安然、魏先鹏:《论微观环境下的跨文化适应——以跨文化课堂系列观察为例》,《国际新闻界》2012 年第 6 期。

陈勃、郭晶星、王倩等:《黄金时段电视剧老年人物的内容分析》,《新闻与传播研究》2005 年第 2 期。

陈世海、詹海玉、陈美君等:《留守儿童的社会建构:媒介形象的内容分析——兼论留守儿童的"问题命题"》,《新闻与传播研究》2012 年第 2 期。

陈先红、张凌:《草根组织的虚拟动员结构:"中国艾滋病病毒携带者联盟"新浪微博个案研究》,《国际新闻界》2015 年第 4 期。

程暎:《媒体接触与农村创业——有关农村网红自媒体运营的个案研究》,《新闻研究导刊》2021 年第 1 期。

程郁儒:《论以传播学理论之田野调查方法为基础的分场域调查法》,《云南财经大学学报》2010 年第 1 期。

党明辉:《公共舆论中负面情绪化表达的框架效应——基于在线新闻跟帖评论的计算机辅助内容分析》,《新闻与传播研究》2017 年第 4 期。

范广军:《科学环的断裂:科社与国际共运学科的理论建构与理论检验》,《科学社会主义》2017 年第 2 期。

风笑天:《论社会研究中的文献回顾》,《华中师范大学学报》(人文社会科学版)2010 年第 4 期。

葛星:《"自说自话"的城市官微——基于四城市官微内容分析的"城市官微可沟通性"报告》,《新闻与传播研究》2015 年第 8 期。

郭建斌:《"以写字的方式来进行思考":兼说田野调查中田野笔记的书写》,《国际新闻界》2016 年第 9 期。

韩纲、朱丹、蔡承睿等:《社交媒体健康信息的语义分析:以推特上癌症相关推文为例》,《国际新闻界》2017 年第 4 期。

韩运荣、高顺杰:《微博舆论中的意见领袖素描——一种社会网络分析的视角》,《新闻与传播研究》2012 年第 3 期。

郝永华、聂茜:《热点段子的衍生与负面舆情——基于 30 个案例的内容分析》,《新闻大学》2015 年第 1 期。

侯俊霞、赵春清:《社会科学实证研究方法应用中的伦理问题剖析》,《伦理学研究》2018 年第 2 期。

华荣祥:《传播学量化研究中统计的正确性问题——以〈1997 年全国电视观众抽样调查分析报告〉为例》,《新闻大学》2000 年第 3 期。

黄炎宁:《数字媒体与新闻“信息娱乐化”:以中国三份报纸官方微博的内容分析为例》,《新闻大学》2013 年第 5 期。

金苗、自国天然、纪娇娇:《意义探索与意图查核 ——“一带一路”倡议五年来西方主流媒体报道 LDA 主题模型分析》,《新闻大学》2019 年第 5 期。

柯惠新:《互联网调查研究方法综述》,《现代传播》2001 年第 4、5 期连载。

柯惠新、黄可、谢婷婷:《中文网络论坛的研究之抽样设计》,《数理统计与管理》2005 年第 3 期。

柯惠新、刘来、朱川燕等:《两岸三地报纸灾难事件报导研究——以 921 台湾地震新闻报道为例》,《新闻学研究》2005 年第 85 期。

柯惠新、王锡苓:《亚太五国/地区数字鸿沟及其影响因素分析》,《现代传播》2005 年第 4 期。

柯惠新、肖明:《中国人民银行城市储户调查抽样方案设计》,《数理统计与管理》1999 年第 6 期。

柯惠新、郑春丽、吴彦:《中国媒体中的俄罗斯国家形象——以对〈中国青年报〉的实证分析为例》,《现代传播》2007 年第 5 期。

李彪:《霸权与调适:危机语境下政府通报文本的传播修辞与话语生产——基于 44 个引发次生舆情的“情况通报”的多元分析》,《新闻与传播研究》2019 年第 4 期。

李彪:《网络事件传播空间结构及其特征研究——以近年来 40 个网络热点事件为例》,《新闻与传播研究》2011 年第 3 期。

李春雷、雷少杰:《想象、话语与景观:底层视角下公共事件中的谣言传播进路研究——一项基于 NC 市 XH 事件的扎根研究》,《国际新闻界》2020 年第 8 期。

李凤萍:《数字鸿沟对癌症知沟的影响研究——基于北京、合肥癌症与健康信息调查的分析》,《国际新闻界》2019 年第 7 期。

李希明:《地市级电视台新闻客户端突围路径研究——基于安康电视台的实地调研》,《今传媒》2020年第11期。

李志、向征、刘敢新:《构建企业员工忠诚度培养模型的实证分析》,《重庆大学学报:自然科学版》2005年第12期。

廖海涵、王曰芬、关鹏:《微博舆情传播周期中不同传播者的主题挖掘与观点识别》,《图书情报工作》2018年第19期。

刘庆振、钟书平、牛新权:《计算传播学:缘起、概念及其计算主义视角》,《西部学刊》2019年第8期。

卢家银:《社交媒体对青年政治参与的影响及网络规制的调节作用——基于大陆九所高校大学生的调查研究》,《国际新闻界》2018年第8期。

路鹏程:《媒体自杀新闻的内容分析:一个精神健康传播的视角》,《新闻与传播研究》2005年第3期。

潘忠党:《解读凯里·跨文化嫁接·新闻与传播之别》,《中国传媒报告》2005年第4期。

强静雅:《传播学中田野调查法运用现状与探讨》,《理论界》2013年第10期。

申琦:《我国网站隐私保护政策研究:基于49家网站的内容分析》,《新闻大学》2015年第4期。

沈阳、阳冯杰:《两微一端重大事件信息扩散模式对比研究》,《现代传播》2019年第2期。

宋志明:《谈社会科学研究方法的特殊性》,《浙江社会科学》2007年第4期。

塔娜:《"计算传播学"的发展路径:概念、数据及研究领域》,《新闻与写作》2020年第5期。

王丹、郭中实:《整合框架与解释水平:海内外报纸对"一带一路"报道的对比分析》,《新闻与传播研究》2020年第3期。

王海燕、刘湘:《数字化环境下的新闻"去专业化"研究——基于2018与2012年我国报纸新闻的比较内容分析》,《新闻大学》2020年第7期。

王励:《科学预测在新闻报道中的意义》,《青年记者》2013年第32期。

王水雄、梁鹏飞:《抽象性与现实性的权衡:一种社会科学的理论观》,《社会学研究》2017 年第 5 期。

王锡苓、姚慧、段京肃:《对实证研究方法课程在我国新闻传播学教育中现状的思考》,《国际新闻界》2007 年第 2 期。

王晓虹、周楚:《医患纠纷报道在线评论与受众对医态度关系研究》,《新闻大学》2019 年第 8 期。

魏晓阳:《中日舆论监督法律边界比较研究》,《现代传播》2012 年第 9 期。

肖明、柯惠新:《网民知多少——中国互联网信息中心全国抽样调查方案设计》,《数理统计与管理》2001 年第 5 期。

杨保军:《论新闻控制的结构、目标与追求》,《新闻大学》2016 年第 6 期。

杨璐菲、王德胜:《微信公众号内容营销传播效果的实证研究——基于内容分析法与定性比较分析法相结合的视角》,《生产力研究》2020 年第 11 期。

杨银娟、肖凤鸣:《海外影视剧对我国乡村少年认知、情感和行为的影响——粤西 T 镇少年的个案研究》,《国际新闻界》2012 年第 9 期。

杨玉宏:《社会科学研究中的“价值中立”选择》,《学术界》2017 年第 7 期。

叶文芳、李彦、丁一:《中俄新闻记者职务权利比较研究》,《国际新闻界》2013 年第 7 期。

易红发:《媒体议程对个人议程的影响研究——基于 Twitter 平台的大数据文本挖掘与主题建模的进路》,《新闻大学》2020 年第 5 期。

禹卫华:《中国大陆首次实验法“第三人效果”研究》,《国际新闻界》2009 年第 2 期。

喻国明、耿晓梦:《未来传播视野下内容范式的三个价值维度——对于传播学一个元概念的探析》,《新闻大学》2020 年第 3 期。

曾凡斌:《大数据方法与传播学研究方法》,《湖南师范大学社会科学学报》2018 年第 3 期。

张辉锋、李森:《我国影视剧普通编剧有关从业状况的自我认知与评价——一项基于 25 位编剧的深度访谈研究》,《国际新闻界》2020 年第 8 期。

张伦:《基于社会化媒体的个体影响力测量研究》,《当代传播》2014 年第 1 期。

张伦、胥琳佳、易妍:《在线社交媒体信息传播效果的结构性扩散度》,《现代传播》2016 年第 8 期。

张伦、钟智锦、毛湛文:《基于文本挖掘的公共事件分析(2012—2014)——类别、涉事者、地理分布及演化》,《国际新闻界》2014年第11期。

张美云、杜振吉:《基于媒体计算的中国形象“他塑”模型建构——以印度尼西亚等东盟国家为例》,《海南大学学报》(人文社会科学版)2019年第6期。

张自力:《媒体艾滋病报道内容分析:一个健康传播学的视角》,《新闻与传播研究》2004年第1期。

赵蓉英、邹菲:《内容分析法学科基本理论问题探讨》,《图书情报工作》2005年第6期。

周莉、王子宇、胡珀:《反腐议题中的网络情绪归因及其影响因素——基于32个案例微博评论的细粒度情感分析》,《新闻与传播研究》2019年第12期。

周晓虹:《社会科学方法论的若干问题》,《南京社会科学》2011年第6期。

周勇、刘晓媛:《农村受众对乡村媒体的使用与满足研究——基于对四川省东部万水村的田野调查》,《国际新闻界》2011年第10期。

周煜、王颖:《突发公共卫生事件中的新媒体传播策略——基于新冠肺炎疫情的个案研究》,《新闻研究导刊》2021年第1期。

朱炯霖、谢莎:《新媒体背景下农村青年创业的SWOT分析——基于皖北二村的实地调查》,《新媒体研究》2020年第20期。

朱雅婧、刘涛:《信息传播技术(ICT)支持与生活方式型移民的流动实践研究——基于海南“候鸟族”的定性比较分析(QCA)》,《新闻大学》2019年第8期。

中文译著

[美] 艾尔·巴比:《社会研究方法》(第13版),邱泽奇译,清华大学出版社2020年版。

[英] 安德斯·汉森:《大众传播研究方法》,崔保国、金兼斌、童菲译,新华出版社2004年版。

[英] 大卫·希尔弗曼:《如何做质性研究》,李雪、张劼颖译,重庆大学出版社2009年版。

[英] 格利·罗斯:《当代社会学研究解析》,林彬、时宪民译,宁夏人民出版社1989年版。

[美] 柯克·约翰逊:《电视与乡村社会变迁:对印度两村庄的民族志调查》,展明辉、张金玺译,中国人民大学出版社 2005 年版。

[美] 科瑞恩·格莱斯:《质性研究方法导论》(第 4 版),王中会、李芳英译,中国人民大学出版社 2013 年版。

[美] 科什:《抽样调查》,倪加勋译,中国统计出版社 1997 年版。

[美] 肯尼斯·D. 贝利:《现代社会研究方法》,许真译,上海人民出版社 1986 年版。

[美] 劳伦斯·纽曼:《社会研究方法(第五版)——定形与定量的取向》,赫大海译,中国人民大学出版社 2007 年版。

[美] 劳伦斯·纽曼:《社会研究方法》,郝大海译,中国人民大学出版社 2007 年版。

[法] 雷蒙·布东:《社会学方法》,黄建华译,上海人民出版社 1987 年版。

[美] 罗伯特·C. 波格丹、萨莉·诺普·比克伦:《教育研究方法:定性研究的视角》(第四版),钟周、李越、赵琳等译,中国人民大学出版社 2008 年版。

[美] 罗伯特·F. 德威利斯:《量表编制:理论与应用》(第 2 版),魏勇刚、席仲恩、龙长权译,重庆大学出版社 2010 年版。

[美] 罗伯特·金·默顿:《论理论社会学》,何凡兴、李卫红、王丽娟译,华夏出版社 1990 年版。

[美] 罗杰·维默、约瑟夫·多米尼克:《大众媒体研究导论》,黄振家、宗静萍等译,新加坡商亚洲汤姆生国际出版有限公司 2007 年版。

[美] 罗纳德·扎加、约翰尼·布莱尔:《抽样调查设计导论》,沈崇麟译,重庆大学出版社 2007 年版。

[美] 迈克尔·辛格尔特里:《大众传播研究——现代方法与应用》,刘燕南、和铁红、朱霖等译,华夏出版社 2000 年版。

[美] 诺曼·K. 邓津、伊冯娜·S. 林肯:《定性研究:方法论基础》,风笑天等译,重庆大学出版社 2007 年版。

[美] 皮廷格:《行为研究的设计与分析》,马广斌主译、柯惠新审校,中国统计出版社 2008 年版。

[美] 乔纳森·H. 特纳:《社会学理论的结构》,吴曲辉等译,浙江人民出版社 1987 年版。

［美］威廉·富特·怀特：《街角社会》，黄育馥译，商务印书馆1996年版。

［美］沃纳·塞佛林、小詹姆斯·坦卡德：《传播理论起源、方法与应用》，郭镇之译，华夏出版社2000年版。

［德］伍威·弗里克：《质性研究导引》，孙进译，重庆大学出版社2011年版。

［美］休伯特·M. 布莱洛克：《社会统计学》，傅正元、沈崇麟、黎鸣等译，中国社会科学出版社1988年版。

［美］约翰·C. 雷纳德：《传播研究方法导论》（第三版），李本乾等译，中国人民大学出版社2008年版。

外文著作

Babbie, E. R. *The Practice of Social Research*. 4th ed. Belmont, CA: Wadsworth, 1986.

Babbie, E. R. *Survey Research Methods*. 2nd ed. Belmont, CA: Wadsworth, 1990.

Babbie, E. R. *The Practice of Social Research*. 9th ed. Belmont, CA: Wadsworth, 2001.

Backstrom, C. & Hursh-Cesar, G. *Survey Research*. 2nd ed. New York: John Wiley, 1986.

Beville, H. Jr. *Audience Ratings*. Rev. ed. Hillsdale, NJ: Lawrence Erlbaum, 1988.

Blalock, H. M. *Social Statistics*. New York: McGraw-Hill, 1972.

Bryman, A. *Social Research Methods*. 5th ed. Now York: Oxford University Press, 2016.

Cochran, W. G. *Sampling Techniques*. 3rd ed. New York: John Wiley, 1977.

Comrey, A. L. & Lee, H. B. *A First Course in Factor Analysis*. 2nd ed. Hillsdale, NJ: Lawrence Erlbaum, 1992.

Dersch, M. & Krass, R. *Theoretic Social Psychology*. New York: Basic Books, 1964.

Dillman, D. *Mail and Telephone Surveys*. New York: John Wiley,

1978.

Erdos, P. L. "Data collection methods: Mail surveys," in Ferber R., ed., *Handbook of Marketing Research*. New York: McGraw-Hill, 1974.

Fletcher, J. E., ed. *Handbook of Radio and TV Broadcasting*. New York: Van Nostrand Reinhold, 1981.

Fletcher, J. E. & Wimmer, R. D. *Focus Group Interviews in Radio Research*. Washington, DC: National Association of Broadcasters, 1981.

Fowler, E. *Survey Research Methods*. 2nd ed. Newbury Park, CA: Sage Publications, 1993.

Frey, L. R., Botan, C. H. & Kreps, G. L. *Investigating Communication: An Introduction to Research Methods*. 7th ed. MA: Allyn & Bacon, 2000.

Gorsuch, R. L. *Factor Analysis*. 2nd ed. Philadelphia: W. B. Saunders, 1983.

Gy, P. & Royle, A. G., tran. *Sampling for Analytical Purposes*. New York: John Wiley, 1998.

Hanson, M. H., et al. *Sample Survey Methods and Theory*. New York: John Wiley, 1993.

Hsia, H. J. *Mass Communication Research Methods: A Step-by-step Approach*. Hillsdale, NJ: Lawrence Erlbaum, 1988.

Jary D. *The Harper Colins Sociology Dictionary*. New York: Harper Perennial, 1991.

Kerlinger, F. N. *Foundations of Behavioral Research*. 3rd ed. New York: Holt, Rinehart & Winston, 1986.

Kerlinger, F. N. *Foundations of Behavioral Research*. 2nd ed. New York: Holt, Rinehart & Winston, 1973.

Kirk, R. E. *Experimental Design: Procedures for the Behavioral Sciences*. 3nd ed. CA: Brooks/Cole Publishing Company, 1995.

Kish, L. *Survey Sampling*. New York: John Wiley, 1965.

Lavrakas, P. J. *Telephone Survey Methods: Sampling, Selection, and Supervision*. 2nd ed. Newbury Park, CA: Sage Publications, 1993.

Miller, D. C. *Handbook of Research Design and Social Measurement*. 5th ed. New York: Longman, 1991.

National Association of Broadcasters. *A Broadcast Research Primer*. Washington, DC: NAB, 1976.

Nunnally, J. C. & Bernstein, I. H. *Psychometric Theory*. 3rd ed. New York: McGraw-Hill, 1994.

Oppenheim, A. N. *Questionnaire Design and Attitude Measurement*. New York: Pinter, 1992.

Punch, K. F. *Introduction to Social Research: Ouantitative and Qualitative Approaches*. 2nd ed. London: Sage Publications, 2005.

Raj, D. *The Design of Sample Surveys*. New York: McGraw-Hill, 1972.

Rea, L. M., Parker, R. A. & Shrader, A. *Designing and Conducting Survey Research: A Comprehensive Guide*. New York: Jossey-Bass, 1997.

Rosenberg, M. *The Logic of Survey Analysis*. New York: Basic Books, 1968.

Rosenthal, R. & Rosnow, R. L. *Artifact in Behavioral Research*. New York: Academic Press, 1969.

Singer, E. & Presser, S., eds. *Survey Research Methods: A Reader*. Chicago: University of Chicago Press, 1989.

Tukey, J. W. *The Collected Works of John W. Tukey*. Vols. Ⅲ and Ⅳ. Belmont, CA: Wadsworth and Brooks/Cole, 1986.

Walizer, M. H. & Wienir, P. L. *Research Methods and Analysis: Searching for Relationships*. New York: Harper & Row, 1978.

Walter L. Wallace. *The Logic of Science in Sociology*. Aldine-Atherton, Inc., 1971.

Weisberg, H. F. & Bowen, B. D. *An Introduction to Survey Research and Data Analysis*. 3rd ed. Glenview, IL: Scott, Foresman, 1996.

Williams, F., Rice, R. E. & Rogers, E. M. *Research Methods and the New Media*. New York: Free Press, 1988.

Winkler, R. L. & Hays, W. L. *Statistics: Probability, Inference and Decision*. 2nd ed. New York: Holt, Rinehart & Winston. 1975.

外文期刊

Brighton, M. Data capture in the 1980s. *Communicare: Journal of Communication Science*, 1981, 2(1): 12-19.

Chaffee, S. H. & Choe, S. Y. Time of decision and media use during the Ford-Carter campaign. *Public Opinion Quarterly*, 1980(44): 53-70.

Conway, B. A., Kenski, K. & Wang, D. The rise of Twitter in the political campaign: searching for inter-media agenda-setting effects in the presidential primary. *Journal of Computer-Mediated Communication*, 2015 (20): 363-380.

Fox, R. J., Crask, M. R. & Kim, J. Mail survey response rate. *Public Opinion Quarterly*, 1989, 52(4): 467-491.

Groves, R. & Mathiowetz, N. Computer-assisted telephone interviewing: Effects on interviewers and respondents. *Public Opinion Quarterly*, 1984, 48(1): 356-369.

Hornik, J. & Ellis, S. Strategies to secure compliance for a mall intercept interview. *Public Opinion Quarterly*, 1989, 52(4): 539-551.

Park, J., Baek, Y. M. & Cha, M. Cross-cultural comparison of nonverbal cues in emoticons on Twitter: Evidence from big data analysis. *Journal of Communication*, 2014(64): 333-354.

Poindexter, P. M. Daily newspaper nonreaders: Why they don't read. *Journalism Quarterly*, 1979(56): 764-770.

Schleifer, S. Trends in attitudes toward and participation in survey research. *Public Opinion Quarterly*, 1986, 50(1): 17-26.

Sewell, W. & Shaw, M. Increasing returns in mail surveys. *American Sociological Review*, 1968(33): 193.

Sharp, L. & Frankel, J. Respondent burden: A test of some common assumptions. *Public Opinion Quarterly*, 1983, 47(1): 36-53.

Vargo, C. J., Guo, L., McCombs, M., Shaw, D. L. Network issue agendas on Twitter during the 2012 U. S. presidential election. *Journal of Communication*, 2014(64): 296-316.

Wakshlag, J. J. & Greenberg, B. S. Programming strategies and the popularity of television programs for children. *Journal of Communication*, 1979(6): 58-68.

Yu, J. & Coopei, H. A quantitative review of research design effects on response rates to questionnaires. *Journal of Marketing Research*, 1983(1): 66-44.

Zillmann, D. & Bryant, J. Viewers' moral sanctions of retribution in the appreciation of dramatic presentations. *Journal of Experimental Social Psychology*, 1975(11): 572-582.

图书在版编目(CIP)数据

新闻传播学研究方法/黎藜编著. —上海：复旦大学出版社，2021.9(2024.11 重印)
云南大学新闻传播教材系列/廖圣清主编
ISBN 978-7-309-15807-6

Ⅰ.①新… Ⅱ.①黎… Ⅲ.①新闻学-传播学-研究方法-高等学校-教材 Ⅳ.①G210-3

中国版本图书馆 CIP 数据核字(2021)第 136287 号

新闻传播学研究方法
XINWEN CHUANBOXUE YANJIU FANGFA
黎 藜 编著
责任编辑/朱 枫

复旦大学出版社有限公司出版发行
上海市国权路 579 号 邮编：200433
网址：fupnet@fudanpress.com http://www.fudanpress.com
门市零售：86-21-65102580 团体订购：86-21-65104505
出版部电话：86-21-65642845
杭州日报报业集团盛元印务有限公司

开本 787 毫米×960 毫米 1/16 印张 11.5 字数 182 千字
2024 年 11 月第 1 版第 6 次印刷

ISBN 978-7-309-15807-6/G・2273
定价：48.00 元
